该学术专著是由赤峰学院学术专著出版基金资助出版
团队名称:蒙东地区生物资源开发利用创新团队,编号
cfxykycxtd202008
内蒙古自治区高等学校科学研究项目(NJZZ22150)
内蒙古自治区高等学校科学研究项目(NJZY21137)

现代植物及其生理活性物质研究

赵美荣　李永春　著

吉林科学技术出版社

图书在版编目(CIP)数据

现代植物及其生理活性物质研究 / 赵美荣,李永春
著. 长春：吉林科学技术出版社，2022.9
ISBN 978-7-5578-9732-1

Ⅰ.①现… Ⅱ.①赵…②李… Ⅲ.①植物生理学—
研究②植物—生物活性—物质—研究 Ⅳ.①Q945
②Q942.6

中国版本图书馆 CIP 数据核字(2022)第 178118 号

现代植物及其生理活性物质研究

著	赵美荣　李永春
出 版 人	宛　霞
责任编辑	刘　畅
封面设计	李若冰
制　版	北京星月纬图文化传播有限责任公司
幅面尺寸	170mm×240mm
字　数	210 千字
印　张	12.25
印　数	1-1500 册
版　次	2022年9月第1版
印　次	2023年3月第1次印刷

出　版	吉林科学技术出版社
发　行	吉林科学技术出版社
地　址	长春市福祉大路5788号
邮　编	130118
发行部电话/传真	0431-81629529 81629530 81629531
	81629532 81629533 81629534
储运部电话	0431-86059116
编辑部电话	0431-81629518
印　刷	三河市嵩川印刷有限公司

书　号	ISBN 978-7-5578-9732-l
定　价	85.00元

作者简介

赵美荣，女，汉族，1981年12月出生，毕业于山东农业大学，博士学位，现就职于赤峰学院，副教授职称。主要研究方向：植物抗逆生理及分子基础。所教课程：植物生理学。主持内蒙古自然科学基金项目《小麦扩展蛋白与植物抗逆性关系研究》，参与国家自然科学基金项目《紫花苜蓿逆境相应转录因子NAC基因的分离及其功能的研究》；发表国内外期刊论文10余篇。

李永春，男，汉族，1980年2月出生，毕业于新疆农业大学，硕士学位，现就职于赤峰学院，讲师职称。主要研究方向：植物资源开发与利用。所教课程：生物化学。发表《微波处理对籽瓜多酚氧化酶活性的影响》《赤峰籽瓜副产物加工利用展望》等期刊论文5篇；2012年获内蒙古自治区第六届"挑战杯"全区大学生创业计划大赛金奖指导教师荣誉称号，2013年获首届全国微课大赛内蒙古赛区理科组二等奖。

前　言

从人类种植植物的历史开始,人们所积累的增收和稳产的经验中有不少是利用物质和资源。随着现代植物生理学和化学技术的发展,人们逐渐明了了各种生理活性物质的功能,并对其进行了科学的探索和开发,为生产生活做出了很大的贡献。现今,已有不少物质得以实际应用。

本书以"现代植物及其生理活性物质研究"为选题,在内容编排上共设置六章:第一章阐释植物资源及其作用、植物来源的天然生理活性物质、植物生理活性物质的应用与开发;第二章探讨植物的分类及其基础结构,主要包括植物的分类、植物的细胞与组织、植物的营养器官与生殖器官;第三章围绕植物的生长物质与生长生理、植物的成花与生殖生理、植物的抗逆生理展开论述;第四章对植物的水分代谢与合理灌溉、植物的矿质代谢与有效施肥、植物的光合作用及其同化产物的分配、植物的呼吸作用及其在生产中的应用进行全面论述;第五章探究植物生理活性物质及其开发应用,主要内容包含多糖类物质及其开发应用、皂苷物质及其开发应用、类黄酮物质及其开发应用、膳食纤维物质及其开发应用、类胡萝卜素物质及其开发应用、花青素与原花色素物质及其开发应用;第六章从四个方面——葱蒜中的植物生理活性物质、菌菇中的植物生理活性物质、茶资源中的植物生理活性物质、海洋资源中的植物生理活性物质来研究不同来源的植物生理活性物质。

本书结构清晰明了、内容翔实丰富,从植物的分类及其基础结构入手,探寻现代植物及其生理活性物质,将理论与实践、基础与创新等诸多环节结合起来。本书内容注重创新性和实用性,有助于拓展读者的思路,为推动植物生理活性物质的研究工作贡献些许力量。

本书由赵美荣、李永春撰写,具体分工如下:

第一章、第二章、第四章:赵美荣(赤峰学院),共计约 10.5 万字;

第三章、第五章、第六章:李永春(赤峰学院),共计约 10.5 万字。

笔者在撰写本书的过程中，得到了许多专家、学者的帮助和指导，在此表示诚挚的谢意。由于笔者学识有限，加之编写时间仓促，书中所涉及的内容难免有疏漏之处，希望各位读者多提宝贵的意见，以便笔者进一步修改，使之更加完善。

目　录

第一章　绪　论

植物是地球上主要的生命形态之一,自然界中的植物种类极多,形态各异。一种植物对人是否有用、有何用途,是由它的形态结构、功能和所含的化学物质来决定的。基于此,本章主要探讨植物资源及其作用、植物来源的天然生理活性物质、植物生理活性物质的应用与开发。

第一节　植物资源及其作用

一、植物与植物资源

(一)植物

1. 植物的命名

植物资源和植物知识的国际交流日益频繁,为国外植物拟定中文普通名具有重要的现实意义。植物种类繁多,同一种植物生长在不同的国家或地区也有不同的名称,这不利于植物的分类和学术交流。1753 年,瑞典植物学家林奈在《植物种志》中用"双命名法"对许多植物进行了命名。1867年,第一届国际植物学会议通过了植物命名的"双命名法"。

"双命名法"规定必须用两个拉丁词或拉丁化形式的词作为植物的学名,作为国际上对植物的统一名称。第一个词是属名,多为名词,其第一个字母要大写;第二个词为种名,多为形容词。完整的学名还要附上命名人姓氏或姓氏缩写。前二字用斜体,命名人名字缩写用正体。

2. 植物的进化趋势

通过对植物类群特点的分析可以看出,植物进化总的趋势有以下三种规律:

（1）形态与结构——由简单到复杂。从原核植物蓝藻和细菌,进化到真核单细胞植物,再到多细胞群体,然后为多细胞植物。多细胞植物从无根、茎、叶分化的低等植物逐渐依次分化出了具叶、茎、根的高等植物,从无维管组织的低等植物和苔藓植物分化为有维管组织并逐渐完善发达的蕨类植物和种子植物。从低级到高级植物,器官数量逐渐增多,被子植物器官最多,有根、茎、叶、花、果实、种子6大器官。器官不同,其担负的功能也不同。功能越多,植物越能适应各种不同的环境。因此,迄今为止,被子植物形态结构最为复杂,也是最高级、最先进的一类现代植物。

（2）生态与习性——由水生到陆生。"适者生存"是植物的形态结构及生命活动规律的形成,是植物适应环境、争取生存并发展自己的结果。为了适应陆地生活,植物进化出了根、花。根可从土壤中吸取水分,花可通过风、虫传粉,且受粉后花粉粒萌发出的花粉管通过生长,把精子送入雌性生殖器官中受精,使植物逐渐摆脱了水的控制,由低级的只能生存在水中的植物逐渐进化发展为种类、数量众多的陆生植物,并伴随着输导组织的逐渐发达,长得高阔,得以占领更多的生存空间。如菌类、藻类、苔藓需生活在阴湿多水的环境中,受精过程需要有充足的水。蕨类植物有了真根和输导组织,但受精时仍离不开水,而裸子植物除苏铁、银杏外,受精时由花粉管传送精子,不再受水控制。被子植物的构造更加完善,适应陆地生活达到了迄今为止的顶峰,是当今地球上占绝对优势的植物。

（3）繁殖方式——由低级到高级。从总的方面来说,植物的繁殖方式从营养繁殖进化为孢子繁殖,又从孢子繁殖进化为有性繁殖;有性繁殖由同配进化到异配又到卵式;有性生殖雌性器官由单细胞到多细胞;有性生殖产生受精卵(合子),由低等植物直接萌发成植物体,进化到高等植物的苔藓、蕨类植物先在母体中发育成胚再萌发形成植物体。而裸子植物的胚由种皮包被形成种子,由种子离开母体萌发形成植物体。被子植物又在种子外包裹果皮,形成果实,繁殖器官更完善,也更高级。在世代交替中,独立生活的植物体由单倍体的配子体逐渐进化为二倍体的孢子体,有利于加强对生殖器官的保护,并提高适应陆地生态环境的能力。

因此,植物是沿着由简单到复杂、由水生到陆生、由低级到高级、孢子体逐渐占优势而配子体逐渐简化的进化规律向前发展的。

3. 植物的多样性

自然界的植物多种多样,总数达50余万种。地球上植物的多样性主要体现在以下方面:

(1)植物在地球上分布的多样性。植物在地球上分布十分广泛,从热带雨林到冻土高原,从南极到北极,从平原到高山,从海洋到陆地,甚至在极干旱的沙漠中都有植物的分布。即使是在裸露的岩石上也分布有先锋植物地衣;地衣可以分泌地衣酸,促进岩石的风化,形成土壤母质。

(2)植物形态结构的多样性。有的植物形体微小,是由单细胞组成的简单生物体,如螺旋藻、小球藻;有的是多细胞的叶状体,如水绵;有的植株仅有 2~3cm 高,如苔藓植物;有的植物如巨杉,高达 142m,被称为"世界爷"。我国南方的榕树能独木成林,庞大的树冠覆盖面积可与一个足球场相当。

(3)植物营养方式的多样性。在植物界,绝大部分植物都含有叶绿素,能进行光合作用,制造有机物质,被称为绿色植物或自养植物;但也有一部分非绿色植物,不能自制养料,称为异养植物,如菟丝子退化,不能进行光合作用,但它可寄生在大豆等植物体上,依靠"吸盘"直接汲取被寄生植物的汁液,称为寄生植物。

(4)植物生命周期的多样性。有的细菌仅能生活 30 分钟,就可以产生新的个体。一年生和两年生的种子植物分别经过一年或跨两个生长季节才能完成生活周期,它们多为草本植物类型,如虞美人、石竹为一年生,小麦、甜菜为两年生。多年生草本植物有菊花、芍药、芦苇、白茅等,大多数树木为多年生木本植物。

(5)植物繁殖方式的多样性。植物的繁殖方式有三种基本类型:苔藓和蕨类植物产生孢子繁殖后代,称为孢子繁殖;裸子植物和被子植物依靠种子繁殖后代,称为种子繁殖;有一些植物则是依靠营养器官进行繁殖,称为营养繁殖,如月季枝条、甘薯茎蔓的扦插、石榴的压条等。

(二)我国的植物资源

我国山川密布、河流众多、幅员辽阔,植物资源十分丰富,是世界上许多植物的原产地。我国有种子植物 30000 余种,居世界第三位,仅次于巴西和哥伦比亚。我国有木本植物 8000 种,占全世界木本植物的 40%,特有植物占植物总数的 30%左右,如金钱松、油松、红豆杉、福建柏等。全世界裸子植物有 13 科、约 700 种,我国就有 12 科、250 种,是世界上裸子植物最多的国家,其中银杏、水杉、银杉、水松等是闻名世界的"活化石"。

我国用于观赏的湿地和陆生园林植物有近 2000 种,在世界上素有"园林之母"之称。

二、植物在自然界与国民经济中的作用

地球的生物资源在人类的生活发展过程中发挥着重要的作用,它是维护生态安全与人类生存的物质保障,对实现可持续发展发挥着重大作用。

(1)合成有机物质,提供能量。绿色植物是自然界的第一生产者,它们通过光合作用,利用太阳光就能将简单的无机物合成碳水化合物,不仅满足了绿色植物自身的营养需求,同时也维持了非绿色植物、动物和人的生存。

(2)植物在自然界物质循环中的作用。植物(主要是绿色植物)依靠光合作用将无机物合成有机物,同时植物(主要是细菌、真菌等微生物)通过分解作用又将有机物变为无机物,维持着自然界的物质循环。

(3)植物对环境的保护作用。植物的环保作用表现在许多方面,如具有净化作用:植物可通过叶片吸收大气中的毒物,减少大气中的毒物含量;植物也可通过根系或其他器官吸收土壤和水中的有毒物质,并将有毒物质在体内进行积累、分解或转化。

(4)为人类的生活直接提供必需的产品。我国是一个农业大国,农业是国民经济的基础,植物是人类生活和生产不可或缺的物质基础。农业生产的所有收获物,如粮食、水果、蔬菜、油料、棉花、茶叶、木材等都是植物光合作用的产物,我们食用的肉、蛋、奶也是由植物间接转化而来的。

除了上述作用之外,植物还可以调节农田小气候、防风固沙、蓄水保土等。保护湿地、退耕还林、退耕还草、植树造林等举措,是营造和谐的人与自然关系、建设生态文明的重要组成部分。

第二节　植物来源的天然生理活性物质

天然生物活性物质原意是指最新一类植物内源活性物质,也是国际上公认的有助于促进动物生理功能、调节机体平衡、增强活力的基源物质。近年来,天然生物活性物质是指通过精细化工、生物化学技术,从天然原料(如植物、动物器官、海洋生物和微生物等)中提取分离出的具有独特功能和生物活性的化合物。

植物中的生物活性物质大致可分为五类:①碳水化合物及磷脂;②含氮化合物(生物碱除外);③生物碱类;④酚类;⑤萜类化合物。当然,每一类还

可以分为很多小类。以酚类为例,它还包括花色素类、苯并呋喃类、色酮类及色烯类、香豆素类、微量类黄酮类、黄酮及黄酮醇类、异黄酮及新类黄酮类、木酚素类、酚及酚酸类、酚酮类、苯丙烷类、醌类、二苯乙烯类、单宁类等。

一、多糖

最常见的植物多糖为纤维素和淀粉。

常见的糖苷键有 α-1,4 苷键、β-1,4 苷键和 α-1,6 苷键。结构单位为单糖,结构单位之间以苷键相连,可以连成直链,也可以形成支链。直链一般以 α-1,4 苷键(如淀粉)和 β-1,4 苷键(如纤维素)连成;支链在分支点处通过 α-1,6 苷键与主链相连。

20 世纪 70 年代,人们对膳食纤维给予了极大的关注,并认识到多糖对人体健康是不可缺乏的,甚至把多糖称为"第七大营养素"。至今,已成功上市的各种膳食纤维有大豆膳食纤维、苹果膳食纤维、香菇膳食纤维等。近年来,植物多糖引起人们兴趣的最重要原因还是一些多糖所体现出来的生理活性,包括降胆固醇效果、抗癌或抑制肿瘤效果、抗凝血效果及免疫调节效果等。

二、糖醇及环多醇

单糖的醛基或酮基都很容易被还原为醇基。不同的还原糖可能会形成同一种糖醇化合物。糖醇在食品工业上的应用是作为一类非常好的功能性甜味剂,如赤藓糖醇、D-甘露醇、山梨醇、木糖醇等。

由于糖醇在生物体内代谢可直接转换为二氧化碳,因此作为糖尿病患者的糖源,还有一些糖醇具有一些生理活性,如赤藓糖醇、甘露醇等可作为一种血管扩张剂,肌肉—肌醇可用作动物及微生物的生长促进剂。

三、皂苷

皂苷又称皂素,是广泛存在于植物中的一类特殊苷类,它的水溶液振摇后可产生持久的肥皂样的泡沫。

皂苷是不少中药的主要有效成分。人参含总皂苷(12 种以上皂苷的混合物)约 4%;西洋参含总皂苷 4%~7.3%,与人参皂苷结构类似;绞股蓝皂苷含总皂苷 2%~5%,有十几种异构体,其中也有几种与人参皂苷结构相同;红景天含总皂苷 1%~2%。根据皂苷的来源不同,又称为人参皂苷、绞股蓝皂苷等。

皂苷对机体有双向调节作用,抗疲劳、抗衰老、促进记忆、保护心血管系统等,某些皂苷还具有抗癌作用。皂苷的生理活性比较强,食用量应控制在一定的范围。

第三节　植物生理活性物质的应用与开发

一、植物生理活性物质的实际应用

植物活性成分的生理功效是通过一系列实验检验、鉴定得出的。通过检测含活性成分的食品化学组成,分离鉴定其化学结构,从而提出某一成分具有某种功能特性的假设。通常情况下,研究者是通过动物实验来验证对活性成分作用机制的假设,而目前有研究者也开始尝试人体实验。检测及鉴定结果表明,有些活性成分可能是通过双重作用机制对人体健康产生积极的作用,但也有些可能并不是在人体中真正起作用的物质。

植物活性成分的实际应用可作为营养成分、食品添加剂或是膳食补充剂,这可能要再过很多年才能得到人们的广泛认同。另外,它们的作用机制可能来自彼此的添加及合成作用的结果。无论如何,保证安全是最为必要的前提。

二、植物生理活性物质的开发前景

未来功能性食品的构造设计及其发展方向,无疑是科学工作者面临的一大挑战。尽管目前已采用生物标记研究功效,也使用了先进的技术做大规模的非入侵性的人体研究和应用,但它仍需依赖与食品组分生理调节有关的基础科学知识,确保人类健康和降低疾病的风险率。

以下用途的功能性产品的市场前景将非常广阔:

第一,预防关节疾病:含有姜辣素提取物、w-3 脂肪酸、葡萄胺、硫酸软骨素及抗氧化剂等生理活性物质的功能性食品能预防关节萎缩、发炎以及疼痛等疾病。

第二,预防肠胃疾病:如今患有消化功能紊乱(如胃溃疡、肠道综合征、胃炎及便秘等)疾病的病人相当普遍,中草药疗法备受世人关注。许多植物如生姜、薄荷油、茴香、番木瓜、甘菊、欧亚甘草及芦荟等都具有增进肠道健康的功能。另外,含益生菌或益生素的食品也深受消费者欢迎。

第三,预防血液疾病:某些功能性食品或配料(如车前草纤维、w-3 脂肪酸及菊粉)有助于降血脂。

第四,预防骨骼疾病:植物雌激素、菊粉或矿物元素(如 Ca、Zn、Mn 和 Cu)对改善骨质疏松症有明显疗效。

第五,补充激素:激素对于性、新陈代谢及身体机能是不可或缺的。激素会随着年龄的增长而不断减少,妇女更年期综合征与激素减少有关。一些功能性植物活性成分(如大豆、异黄酮及亚麻籽)对治疗更年期综合症状有显著效果。

第六,代替脂肪:使用脂肪替代品可降低饮食中的能量,燃烧脂肪,避免脂肪的沉积,例如苯酚、藤黄、铬都有助于能量的消耗。然而它们也有副作用,如苯酚,在临床中就应着重降低其副作用至最小。

第七,增进视力:抗氧化剂有助于保护眼睛晶状体免受氧化性物质及光线的损伤,从而避免患白内障。其他特定的植物活性成分(如叶黄素和玉米黄质)对视网膜具有一定的保护功能。

第八,缓解压力及失眠症:洋甘菊、圣约翰草或羟色胺酸可以缓解精神压力及神经质,羟色胺酸或缬草类植物对失眠有疗效。

第九,预防乳房病症及前列腺疾病:水果、蔬菜、谷类及草药中的植物活性成分对乳腺癌及前列腺癌有独特的疗效。

第二章　植物的分类及其基础结构

植物世界是一个庞大、复杂的世界，它占据了生物圈面积的大部分。从一望无际的草原到广阔的江河湖海，从赤日炎炎的沙漠到冰雪覆盖的极地，处处都有着植物的踪迹。为探索植物的生理活性，本章内容主要围绕植物的分类、植物的细胞与组织、植物的营养器官与生殖器官进行展开。

第一节　植物的分类

一、植物分类的基础知识

（一）植物分类的方法

自然界的植物形形色色，种类繁多，只有对植物进行分门别类，才能更好地认识、利用和保护植物。人们在认识和利用植物的过程中逐步建立了两种分类方法。

（1）人为分类法。以植物的某些经济用途、形态性状或生长习性等为依据对植物进行分类的方法，被称为人为分类法。人为分类法密切联系生产和生活，通俗易懂，实用方便，但体现不出植物间亲缘关系的远近。

（2）自然分类法。以植物进化程序及亲缘关系远近作为依据，对植物进行分类的方法，被称为自然分类法。亲缘关系的远近一般以植物形态、结构相似点多少，加以对植物功能、地理分布等方面的科学研究进行综合判断。例如：大豆、花生、豌豆等彼此间的相同点较多，在分类上就属于同一科属；大豆与小麦的差异较大，在分类上就属于不同的科属。自然分类法反映植物在演化过程中彼此间的亲缘关系，是客观实在的、科学的，有利于正确指导农林生产的遗传育种和作物栽培等工作。

（二）植物分类的单位

为了便于系统地、分门别类地认识、研究和利用植物,植物学家按照植物间亲缘关系的远近,将植物界分为门、纲、目、科、属、种六个等级单位。其中,种是基本的分类单位,亲缘关系相近的种集合为属,亲缘关系相近的属集合为科,再由亲缘关系相近的科集合为目,如此类推,界是最高等级,形成了一个完整的分类系统。某个等级内植物类若仍然繁多,且差异较明显,则可设亚级单位,如亚门、亚纲、亚科等,种下可有亚种、变种、变型等更细的单位。

"种"是生物分类学的基本单位。种内植物可以自然杂交,产生正常的后代,在一定时间范围内具有一定的分布区域和相似的形态、结构和生理特征。种内有显著差异的可再分为亚种或变种,如栽培桃属于毛桃,它有四个变种——油桃、蟠桃、寿星桃和碧桃。

在栽培作物里,一种作物常有若干品种,如全世界有近万个苹果品种。品种不是分类学的单位,其来源于人类对同一种属内不同品种作物之间的杂交和选育,具有符合人们需求的某个或某些经济性状,其命名也多半是根据经济性状,如根据植株、器官形态、果实色、香、味、成熟期及培育编号等进行人为命名,如短枝型苹果、玫瑰香、龙眼葡萄等。

二、植物的基本类群

（一）低等植物

低等植物起源早,个体结构简单,为单细胞、单细胞群体或多细胞植物。许多单细胞生存在一起,虽有分工,但无胞间连丝相连,仍为单细胞,称单细胞群体植物,如实球藻。多细胞植物指细胞间有胞间连丝的植物,多数低等植物和所有高等植物都属此类。

植物的繁殖方式有两种:即无性繁殖和有性繁殖。无性繁殖包括营养繁殖和孢子繁殖。营养繁殖是指从植物体上分离出一部分营养体,长成一个新个体,如真菌菌丝断裂片段又发育成菌丝体,高等植物的扦插、压条等;孢子繁殖是指个体发育到一定程度会产生生殖细胞,生殖细胞称孢子,产生孢子的母细胞称孢子囊,孢子可直接发育为新个体;有性繁殖的生殖细胞称配子,产生配子的细胞称配子囊,配子须成对配合形成合子,再由合子发育成新个体。如果大小形状相同的两个配子,以相同速度移向对方结合在一起,则称同配;如果彼此大小不同,小的以较快的速度移动与对方结合,则称异配;如果彼此大小不同,大的无鞭毛不动,小的有鞭毛,移向对方结合,则称卵式。由同配到卵式,生殖方式逐渐进化,孢子囊和配子囊都是生殖器官。

低等植物主要的共同特点为:多数生活在水中或潮湿、阴暗的环境中;无根、茎、叶的分化;雌性生殖器官多为单细胞,有性生殖时,有同配、异配和卵式,合子不形成胚,而是直接萌发成新个体,所以又称为无胚植物;有性世代和无性世代交替不明显。

低等植物分为藻类植物、菌类植物和地衣植物三大类群,约有 10 多万种。

1. 藻类植物

现存的藻类植物约有 2.4 万余种。藻类共分 7 个门,除具备低等植物的特点外,藻类植物的特点还包括植物体含叶绿素,能进行光合作用,属自养生物。

蓝藻属于原核植物,植物体为单细胞或多细胞丝状群体植物(虽多细胞粘连在一起,但无胞间连丝),无有性繁殖。营养繁殖通过细胞的直接分裂,所以蓝藻又称裂殖藻,是最简单、最原始的一种藻类植物,如颤藻、发菜、鱼腥藻、念珠藻等。蓝藻含叶绿素 A、藻蓝素,所以植物体常呈蓝绿色,有的含有藻红素而呈红色。以蓝藻淀粉为储藏物质,有的固氮蓝藻可增产。但在营养丰富的水体中,因大量繁殖而在水面形成一层蓝绿色具有腥臭味的浮沫层,称水华,严重时会对鱼类、人畜造成危害。

绿藻的细胞结构、细胞壁成分、胞内色素及其所储藏的养分与高等植物相似,是真核生物。有单细胞、群体和多细胞植物体,如衣藻、实球藻、团藻分别是单细胞、群体和多细胞体,很能说明植物进化的过程。绿藻多见于淡水,常附着于沉水岩石和木头,或漂浮在死水表面,也有生活在土壤或海水中的种类。其繁殖方式多样,无性生殖和有性生殖都很普遍,有些种类的生活史有世代交替现象。

褐藻是较高级的藻类,为多细胞植物,褐藻进行无性和有性生殖,有性生殖为卵式。褐藻多分布在较冷水域,其颜色取决于褐色素与叶绿素的比例,从暗褐到橄榄绿。褐藻形状大小各异,进化的种类甚至有类似根、茎、叶的分化,最常见的为大型褐藻海带,体长达 2～3m,分化为有固定作用的分枝假根,假根与圆柱形的柄相连,柄上是叶片状扁平的带片。内部构造已分化为表皮、皮层和髓,海带中含有大量的碘,能防治甲状腺肿。褐藻中的鹿角菜、裙带菜等也可食用或药用。

2. 菌类植物

现存菌类植物约有 12 万种,菌类植物包括 3 个门:细菌门、真菌门和黏菌门。除具备低等植物的特点外,菌类植物的特点还包括植物体不含叶绿素,不能进行光合作用,为异养生物(光合硫细菌、紫细菌等极少数细菌除外),异养方式为腐生、寄生或既腐生又寄生。腐生是从死的生物体上摄取食物,寄生是从活的生物体上摄取食物。

菌类的主要作用是能够分解有机物为无机物,分解有机物时释放二氧化碳和矿质元素,又为绿色植物的光合作用所利用,对促进自然界的物质循环意义重大。但许多寄生菌类能够致植物和动物产生各种病害。

3. 地衣植物

地衣根据其形态可分为以下种类:

(1)壳状地衣,呈扁平壳状紧贴树皮、岩石或其他物体上,且难以将其分开,约占全部地衣的 80%。

(2)叶状地衣,似叶子,以菌丝假根固着于基物上,易于采下。

(3)枝状地衣,直立,通常分枝,呈丛生状,如石蕊属、松萝属等。

地衣生长离不开水,在干旱无水条件下,岩石上地衣的原生质呈高度凝胶化,含水量只有 6% 左右,处于休眠似的假死状态,一旦有雨水,便大量吸水生长。地衣是陆生植物的"开路"先锋,能分泌地衣酸分解岩石而促进土壤形成。有些地衣可提取酸、碱指示剂,如石蕊地衣;有的地衣还可以作药用,如松萝;冰岛地衣等是北极鹿的饲料;石耳可供人食用。但有的地衣可危害作物及森林,常以假根穿入植物体内汲取营养从而构成危害。

(二)高等植物

1. 苔藓植物

苔藓植物是一类结构比较简单的多细胞绿色植物,植物体矮小,最大的也只有数十厘米,肉眼几乎难以辨认。除具备高等植物的特点外,还具有自身的特点:①植物体有茎、叶的分化,但没有维管组织和真根,只有表皮细胞突起形成的假根,有吸收水分、无机盐和固着植物体的功能;②在世代交替中,绿色的配子体占优势,能独立生活。孢子体寄生于配子体上,不能独立生存。

以地钱与葫芦藓为例：①地钱为苔纲，植物体(配子体)为叉状分枝绿色叶状体，生长点位于分叉凹陷处，腹面(下表面)有多细胞鳞片和单细胞假根；②葫芦藓为藓纲，可借芽体进行大量营养繁殖。

苔藓植物中的地钱多生于阴湿且富含有机质的基质上，可入药，有益气、明目等功效；葫芦藓一般生活在阴湿的墙脚、泥地、林下或树干上，对有毒气体敏感，在污染严重的环境中很难生存，可作为监测空气污染程度的指示植物。苔藓植物可分泌一些酸性物质，能溶解岩面促进岩石风化以及土壤的形成。山地苔藓植被对水土保持有很大作用。苔藓含水量多，园艺上可用于包装运输新鲜苗木。泥炭藓可作燃料及肥料。有的可药用，如金发藓有解毒、止血作用，蛇苔可治疗疮肿和蛇咬伤。

2. 蕨类植物

蕨类植物又称羊齿植物，约12000种，为距今约3亿年前的原始维管植物，陆生，多生于林下、溪旁、沼泽等比较阴湿的环境。蕨类植物在全球广泛分布，特别是热带和亚热带地区分布最多。我国云南省有"蕨类王国"之称，约有蕨类植物1400余种。蕨类植物除具备高等植物的特点外，还具有以下三个特点：

(1)有真正根、茎、叶的分化。

(2)茎中出现低级维管组织，虽有管胞和筛胞，但无形成层和次生结构。

(3)孢子体和配子体都能独立生存，但孢子体较为发达。

古代蕨类植物形成的煤炭、石油等，是当今人类生活和生产中的重要能源。蕨类植物中很多可供食用，如蕨菜、凤尾蕨、水蕨等在幼嫩时可作蔬菜。乌蕨、海金沙、贯众、卷柏等可作药用。有的蕨类植物如铁线蕨、肾蕨、凤尾蕨等形体美观别致，可作盆景花卉。蕨类植物也可作为监测环境的指示植物。

3. 裸子植物

裸子植物是一群介于蕨类植物与被子植物之间的维管植物，是较为原始的种子植物，现仅存800余种，多数种类为常绿乔木。裸子植物除具备高等植物的特点外，通常还具有以下三个特点：

(1)维管系统较发达，有了发育完善的管胞和筛胞，维管束为无限外韧维管束，有形成层和次生结构，但无导管和筛管。

(2)有性生殖形成胚，胚有种皮包被，形成种子，由种子发育为植物体，但种子是裸露的。

（3）配子体简化，孢子体发达，配子体不能独立生存，需着生在孢子体上。

裸子植物门通常分为 5 纲，即苏铁纲、银杏纲、松柏纲、红豆杉纲和买麻藤纲。

约 2 亿年前于中生代昌盛的裸子植物也是现在部分能源物质的来源。裸子植物是北半球森林的主要组成部分，是重要的用材树种。如松木、杉木等用于建筑、枕木、制作家具等。银杏、红松、华山松等种子可供食用。银杏、红豆杉、麻黄等可入药，化工上还可从中提取单宁、树脂和松香等。很多裸子植物还用来绿化、美化环境，如苏铁、白皮松、水杉、云杉、侧柏、雪松、银杏等树种，被广泛栽培利用。

以孢子植物——松树为例，松树植株称孢子体，是二倍体的无性世代。松树到成熟期，每年春季发出新枝。在新枝基部簇生许多由小孢子叶（雄蕊）聚集形成的小孢子叶球（雄球花），小孢子叶的基部并列生有 2 个小孢子囊（花粉囊），囊内产生许多小孢子母细胞（花粉母细胞）。到夏季，小孢子母细胞减数分裂形成单核小孢子（单核花粉粒），单核小孢子继续发育成熟为雄配子体（成熟花粉粒），成熟的雄配子体（花粉粒）具有 4 个细胞，包括 1 个生殖细胞、1 个管细胞和 2 个退化的原叶细胞。然后，花粉囊破裂进行风媒传粉。至秋季，花粉粒在雌球花胚珠珠孔内萌发成花粉管，此后，进入冬季休眠状态。

第二年春天，花粉管继续朝向珠心生长，生殖细胞分裂形成 2 个精子（雄配子）；至夏季，花粉管进入胚囊的颈卵器中。新枝顶部着生 1 至数个由大孢子叶（心皮，或珠鳞）聚集形成大孢子叶球（雌球花），珠鳞基部并列生有 2 个裸露的倒生胚珠，胚珠具有珠被、珠心（成熟胚珠内含大孢子囊）和珠孔，珠心内部可形成一个大孢子母细胞（胚囊母细胞）；大孢子母细胞进行减数分裂，形成一个单核大孢子（单核胚囊）；至秋季，单核大孢子发育成含成熟卵细胞的雌配子体（成熟胚囊），接受花粉后，冬季休眠。第二年夏季与其中一个精子受精形成合子，合子分裂形成胚，合子可分裂形成几个原胚，所以产生多胚现象。胚到秋末才能发育成熟，原雌配子体的一部分则发育成胚乳，其胚乳仍是单倍体，整个胚珠形成种子，珠鳞木化为种鳞，雌球果成熟后，种鳞展开，种子脱落。

裸子植物由于大孢子叶（心皮）平展不封闭，因此，胚珠及由胚珠形成的种子是裸露的，所以称裸子植物。蕨类植物和种子植物同具有世代交替现象，三者之间的生殖器官名称有一定的对应关系，同时也反映了它们在系统发育上的连贯性。

4.被子植物

被子植物是植物界现存最高级、最繁盛、分布最广的一个植物类群,在当今地球上占绝对优势。被子植物除具备高等植物的特点外,通常还具有以下四个特点:

(1)维管束高度发达,有了长距离输送水分和养分的导管和筛管。

(2)有了真正的花,胚珠由子房壁(闭合的心皮)包被,胚由种皮包被,形成种子,种子进一步由果皮包被,形成果实。

(3)具有双受精现象,由受精极核发育成的胚乳作为幼胚发育的营养物质,使子代更富生命力和适应环境的能力。

(4)孢子体高度发达,占绝对优势。配子体极度简化,配子体着生在孢子体内。

被子植物最显著的外部形态特征是具有完善的有性生殖器官——花。被子植物可借助昆虫和风传粉,进一步摆脱了生殖过程中对水的依赖。雌蕊的心皮闭合成子房,形成的胚有种皮和果皮双重保护,特别是果皮中也有丰富的水分和营养,对胚的发育和子代的繁衍具有重要的作用。

被子植物与人类的关系密切,人类的衣、食、住、行等物质生活均离不开被子植物,精神文化生活与植物也有着千丝万缕的联系,自然界的可持续发展及地球的生态平衡同样离不开被子植物。

三、被子植物的主要科

(一)双子叶植物主要科

第一,木兰科。木兰科约 15 属,260 种,主要分布于亚洲热带和亚热带地区;中国有 11 属,约 140 种,主要分布于云南、广西、广东、海南等省区,北方也有栽培。本科的玉兰、紫玉兰、含笑、鹅掌楸、广玉兰等是观赏价值很高的园林绿化树种;五味子等可药用;八角为调味品。

第二,十字花科。十字花科约 375 属,3200 种,广布于全世界,主产于北温带地区,特别是地中海地区;中国有 96 属,400 余种。本科植物有许多具有经济价值的蔬菜和油料作物,少数供药用、观赏、作饲料用。蔬菜和油料作物有白菜、椰菜、芥蓝、球茎甘蓝、榨菜、萝卜、油菜等;药用的有菘蓝、葶苈菜、糖芥等;观赏的如紫罗兰、羽衣甘蓝;播娘蒿、荠菜、独行菜等是常见的田间杂草。

第三,伞形科。伞形科为芳香性一年至多年生草本,茎直立或匍匐上升;叶互生,常有鞘状叶柄,叶片常为掌状分裂或羽状分裂的复叶,少单叶;本科约 275 属,2800 多种,全球分布,以北温带地区最多。中国约 90 属,500 种,各地都有分布,包括很多日常蔬菜和调料,如孜然、芹菜、香菜、胡萝卜、莳萝、葛缕子、小茴香等植物。

第四,茄科。草本、灌木或小乔木;叶互生,或在花枝二叶双生,全缘或裂叶,无托叶;花两性,稀杂性,辐射对称;花萼常宿存,合瓣花冠,5 裂片;5 雄蕊,稀 4 枚,雄蕊与花冠裂片互生,花药常孔裂;上位子房 2 室,中轴胎座,胚珠多数;浆果或蒴果。

茄科约 85 属,3000 余种,广泛分布于温带及热带地区;中国有 24 属,100 多种。茄科中许多植物具有重要的经济意义,如辣椒、马铃薯、番茄、茄子、烟草等是重要的蔬菜和经济栽培植物;药用的如枸杞、曼陀罗、天仙子等;常见的观赏植物有矮牵牛、碧冬茄等;田间杂草如龙葵、曼陀罗等。

第五,豆科。木本或草本。常有固氮根瘤;常为一回或二回羽状复叶,少数掌状复叶或 3 小叶,稀单叶,互生。托叶有或无,有时叶状或为棘刺,叶枕发达;花两性,5 基数;5 花萼,合生。5 花瓣,辐射对称至两侧对称;雄蕊多数至定数,常有 10 个且为二体雄蕊。雌蕊单皮组成,子房 1 室,侧膜胎座,含数胚珠;荚果,成熟后沿缝线开裂或不裂;种子多数无胚乳或胚乳极薄。豆科植物依据花的对称性、花瓣排列的方式及雄蕊的数目,可分为三个亚科:含羞草亚科(合欢)、苏木(云实)亚科(紫荆)、蝶形花亚科(豆类、花生)。

豆科约 650 属,18000 种,广布于全世界;中国有 172 属,达 1500 种,分布极广。豆科是人类食品中淀粉、蛋白质、植物油和蔬菜的重要来源之一。如豆类作物有大豆、花生、蚕豆、豌豆、赤豆、绿豆等;可作优良绿肥和饲料的有苜蓿、紫云英、田菁、三叶草、苕子等;药用的有决明、甘草、黄芪、苦参、鸡血藤等;绿化树种有台湾相思树、合欢、凤凰木、刺槐、紫藤、紫荆、国槐、黄檀等。

第六,葫芦科。一年或多年生草质或木质藤本,稀灌木或乔木状。茎匍匐或借卷须攀援,双韧维管束,茎卷须侧生于叶腋;单叶互生,多掌状裂,有时为复叶,无托叶;花单性,花萼合生具有萼管,5 基数,雌雄花同株或异株,辐射对称,单生、簇生或形成各式花序,花白色或黄色;聚药雄蕊,花丝两两结合,1 分离,花药折叠。雌蕊 3 心皮,子房下位,侧膜胎座;常为胎座发达的肉质瓠果，也有纸质、囊状干果，种子多数。

葫芦科约 110 属，700 种，大多分布于热带地区；中国约 29 属，140 多种。本科植物如南瓜、黄瓜、西葫芦、西瓜、香瓜、冬南瓜、佛手瓜、葫芦等是重要的蔬菜和水果。

第七，蓼科。一年或多年生草本，稀灌木或小乔木。茎常具膨大的节；单叶互生，全缘，具膜质托叶鞘抱茎；花两性，稀单性，单被，萼片花瓣状，辐射对称。花序由若干小聚伞花序排成总状、穗状或圆锥状，有时为单生花。花被 3～6 片，常排列成两轮；3～9 雄蕊，少为 1～6。1 雌蕊，子房上位，1 室 1 胚珠；瘦果，全部或部分包于宿存的花被内。种子有丰富胚乳。

蓼科约 50 属，1200 种，主产于北温带地区，少数在热带地区；中国约 15 属，200 种。蓼科中有些植物可供食用，如荞麦等；有些可入药，如掌叶大黄、药用大黄、扁蓄、何首乌等；可供观赏的有红蓼、珊瑚藤等；沙拐枣在荒漠地带具有防风固沙的独特作用；也有酸膜叶蓼等杂草。

第八，菊科。常草本。叶常互生，无托叶；头状花序单生或再排成各种花序，具总苞。花两性、无性(有的舌状花无性)，稀单性，多雌雄同株。花萼常变化为冠毛。合瓣花冠(筒状、舌状)；5 雄蕊，聚药雄蕊。雌蕊柱头 2 裂，2 心皮 1 室，子房下位，1 胚珠；连萼瘦果，顶端常具冠毛。

菊科是双子叶植物的第一大科，约 1100 属，达 25000 种，分布广泛。有大量的药用植物，如野菊、茵陈蒿、白术、苍术、牛蒡、雪莲花、红花、蒲公英、苍耳等；向日葵为油料植物；菊芋块茎可做酱菜，莴苣、茼蒿是蔬菜；除虫菊是杀虫或驱虫植物；还有许多花卉，如菊花、金盏花、大丽菊、雏菊等。

第九，蔷薇科。草本、灌木或小乔木。茎常有刺及皮孔；叶互生，单叶或复叶，有托叶，网状叶脉明显，具锯齿状叶缘；花两性，辐射对称，有各种颜色。花多为 5 基数，常为蔷薇型花冠，有 1 至多轮。花被与雄蕊基部常结合成杯形、盘形或壶形花筒。花托隆凸或凹陷；雄蕊多数，稀 5 或 10；子房由 1 至多个分离或合生的心皮组成。蔷薇科根据心皮数、子房位置和果实特征分为 4 个亚科，其中李亚科也称为梅亚科。

蔷薇科约 124 属，3300 余种，中国约有 1000 多种，分布广泛，温带居多。温带的主要栽培水果在蔷薇科，如苹果、海棠、梨、桃、李、杏、梅、樱桃、枇杷、山楂、草莓等都是著名水果；很多种的果实是制作果脯、果酱、果汁、果酒等的原料；桃仁、杏仁是著名干果；玫瑰、香水月季等可提取芳香油制作高级香水。该科许多植物的花朵、果实可作观赏，如珍珠梅、月季、玫瑰、蔷薇、海棠、梅花、樱花、棣棠等；地榆、木瓜等可入药。

第十，山毛榉科。多常绿或落叶乔木，稀灌木。单叶互生，革质，羽状脉直达叶缘。具托叶，早落；单性花，无花瓣，雄花为荑荑花序。雌雄同株或异株，花被 1 轮，下部合生。雌花生于总苞内，子房下位，多 3～6 室，每室 2 粒胚珠；坚果 2～3 个生于总苞中或单生，总苞木质化成壳斗，部分或完全包被坚果。

山毛榉科约 8 属，900 种，多分布于热带、亚热带地区，少数产于温带地区；中国有 6 属，约 300 余种。大部分种子为造林、用材树种；某些种的种子可食，如板栗等。构树的种子及根皮均可作药用。

第十一，锦葵科。草本、灌木或乔木，纤维植物。单叶互生，常有星状毛，多为掌状脉，具托叶常早落；花两性，辐射对称，5 基数，具副萼。种子有胚乳，棉属外种皮细胞突起形成棉纤维。

锦葵科大约 75 属，1500 种，分布于温带、热带地区；中国有 16 属，约 80 种。锦葵科植物富含纤维，如棉纤维是纺织工业的重要原料，同时种子可榨取棉籽油；苘麻、大麻槿等的茎皮纤维可供纺织或制绳；木槿、扶桑、锦葵、蜀葵等是重要的观赏植物。

第十二，唇形科。一至多年生草本，植株常含芳香油。茎直立或匍匐状，常四棱形；多单叶，稀为复叶，对生，稀轮生或互生，无托叶；花常两性，唇形花冠，两侧对称，稀辐射对称。花萼宿存，花冠管状多为二唇形；常 4 雄蕊，2 长 2 短，称二强雄蕊；雌蕊子房上位，2 心皮，成 4 室，花柱基生，中轴胎座；小坚果 4 枚，或核果状。种子通常无胚乳。

唇形科约 220 个属，3500 余种，是干旱地区的主要植被；中国有 99 属，800 余种。唇形科植物富含芳香油，可供药用的有薄荷、百里香、薰衣草、荆芥、藿香、丹参、薄荷、紫苏、香薷、夏枯草、活血丹等；白苏是有名的油料作物；供观赏的有一串红、五彩苏等；夏至草（夏枯草）等是常见的田间杂草。

第十三，旋花科。多为缠绕或匍匐草本，植物体常有乳汁，维管束为双韧维管束，有些种类地下具有肉质的块根。叶互生，单叶或复叶，常全缘，没有托叶；5 萼片，常宿存。合瓣花冠，漏斗状、喇叭状，冠缘近全缘或 5 裂，单生于叶腋，或少花至多花组成腋生聚伞花序；雄蕊 5 枚，冠生（着生在花冠基部），雄蕊与花冠裂片等数互生，花药 2 室；雌蕊为子房上位，2（稀 3～5）心皮，多 2 室，极少深 2 裂为 4 室，中轴胎座，每室有 2 枚倒生无柄胚珠，子房 4 室时每室 1 胚珠；蒴果，少浆果或坚果。种子胚乳少，多呈三棱形。

旋花科约 60 属，1650 种，广泛分布于热带、亚热带地区；中国有 22 属，约 125 种。有些具有地下肉质块根，可食用、酿酒及提制淀粉，如甘薯（地瓜)等,是重要的栽培作物;蕹菜(空心菜)等可作蔬菜;茑萝、月光花等供观赏;可入药的有田旋花、打碗花、菟丝子、丁公藤等,而牵牛花、田旋花、打碗花、菟丝子等是常见的田间杂草。

第十四,大戟科。草本,灌木或乔木,体内常有乳白色汁液。多单叶互生,少复叶,有的退化为鳞片状。雌蕊心皮3,合生,子房上位,中轴胎座;蒴果3室,少浆果或核果。种子有胚乳。

大戟科约300属,8000种,广布全球;中国有66属,约860种。大戟科植物含药材、油料、橡胶、淀粉、观赏等的重要树种。例如我国原有的油桐树,单叶,掌状5～11裂。花单性同株无花瓣,蒴果被软刺,种子有明显的种阜,种皮光滑具斑纹,种子含油69%～73%,用于工业和医药,叶可饲养蓖麻蚕;橡胶树为高大乔木,具乳汁,可提炼橡胶,为优良的橡胶植物,用于轮胎等橡胶产品生产。此外,乌桕、一品红(猩猩木)、红背桂、虎刺梅、铁海棠、霸王鞭、玉麒麟变叶木等可供观赏;泽漆(猫眼草)、乳浆大戟、铁苋菜等是分布广泛的田间杂草。

第十五,山茶科。山茶原产于我国南部,花单生或对生于叶腋或枝顶,花大,红色,我国各地栽培种各色均有,尤以云南地区栽植最为著名,为我国名贵的观赏植物;茶,常绿灌木,原产我国,现长江流域及以南各地盛行栽培。叶供制茶,有强心利尿功效。其变种普洱茶用途同茶;油茶为灌木或小乔木,我国长江流域及以南地区广泛栽培,为南方山区主要木本油料植物。种子含油30%以上,供食用及工业用。果壳可提制栲胶、皂素、糠醛等。

第十六,云香科。多常绿木本,全体含挥发油。茎常具刺;常单身复叶或羽状复叶,互生,少对生,叶上常具透明腺点,无托叶;聚伞花序,少数成总状、穗状花序或单花。花两性或单性,萼片4～5,花瓣4～5,离生花盘发达,位于雄蕊内侧;雄蕊常2轮,外轮对瓣生。雌蕊为子房4～5室,花柱单一;常为柑果,或浆果、蓇葖果、蒴果、翅果、核果。种子通常有胚乳。

云香科180属,约1500种,全世界分布广泛,主产于热带、亚热带地区;中国有29属,150种。柑橘、柚子、橙子、柠檬和金橘等为淮河以南主要水果,园艺上也作盆景观赏;因普遍含挥发油和生物碱而用于医药及调料,如柑橘及其栽培变种的干燥成熟果皮是常用中药陈皮,可理气健脾,燥湿化痰。花椒果实可作调味料,种子可榨油。两面针的根、茎、叶入药,有活血散瘀、消炎解毒和镇痛的功效,并有抗癌作用。

第十七,无患子科。多乔木,或灌木或卷须攀援藤本。常羽状复叶,互生,无托叶;花两性、单性,少杂性,萼片和花瓣4或5片,花瓣内侧基部常有腺体或鳞片,花盘发达,位于雄蕊外方;雄蕊常为8,雌花常有3心皮,中轴胎座;蒴果,或核果状、浆果状。种子较大,常具假种皮,无胚乳。

无患子科约150属,2000余种,广布于热带、亚热带地区;中国有25属,56种。该科植物是热带雨林乔木、灌木层的重要组分,大部分树种为很有价值的木材。龙眼和荔枝营养丰富、味美肉质的假种皮,是著名热带水果;栾树、文冠果等用于园林栽培;无患子是本科的代表种,果皮含肥皂精。

第十八,石竹科。一至多年生草本,稀为小灌木或亚灌木。茎通常节部膨大;单叶对生,全缘,基部常横向相连,有时具膜质托叶;花两性,稀单性,辐射对称。排列成聚伞花序,或圆锥花序、头状花序。4~5萼片。多4~5花瓣,离生;多8~10雄蕊,常为花瓣的2倍。雌蕊为子房上位,特立中央胎座;常为蒴果,稀为瘦果或浆果状。种子有胚乳。

石竹科88属,约2000种,主要分布在欧洲、亚洲和地中海地区;中国有32属,400余种。石竹科有许多为观赏植物,如石竹、五彩石竹、香石竹(康乃馨)等;王不留行(麦蓝)、太子参、繁缕、瞿麦、簇生卷耳是常见杂草,也是重要中草药。

第十九,木樨科。木本常绿或落叶乔木或灌木,有时为藤本。单叶或羽状复叶,无托叶,对生,少为互生(素馨属);圆锥花序、聚伞花序或花簇生,顶生或腋生。花两性或有时为单性(梣属、木樨属)。合萼,通常4裂。花辐射对称,花冠常合瓣、4裂、有时缺,整齐、4基数;冠生2雄蕊。2心皮,子房上位,2室,每室2胚珠,花柱单一,柱头2裂或头状;常为核果或翅果。

木樨科共26属,600余种,广布于温带和热带各地,是著名的城市行道、园林绿化树所在科;中国有12属,约200种。木樨科植物也包括很多经济植物,如:桂花、丁香、茉莉、油橄榄等。有许多著名观赏植物,如丁香、连翘、迎春花、桂花、茉莉等。水曲柳、花曲柳等为优良的木材。白蜡树耐盐碱并可饲养白蜡虫以取白蜡,桂花和茉莉花芳香拌于茶内能增加香味,可加工花茶,连翘、女贞、素馨等可入药。

第二十,杨柳科。落叶乔木。单叶互生,有托叶。柔荑花序直立(柳)或下垂(杨);单性花,雌雄异株,缺花被,具花盘或腺体。每一朵花基部生一苞片,花着生于苞腋中;雄花具2或多数雄蕊。雌花为子房上位,2心皮组成一室。具多数倒生胚珠,侧膜胎座;蒴果,种子小、多,无或有少量胚乳,基部围有丝状长毛。杨柳科主要分2属(有的分为3属):杨属和柳属。现以广泛栽培的加拿大杨和垂柳说明二者形态差异。

加拿大杨。树干有纵裂口,树皮粗厚。叶三角状卵形,基部截形。芽具芽鳞数枚,顶芽大都存在。雌、雄花均集成柔荑花序,下垂,异株,无花被。雄花基部有花盘,也有一苞片,雌花基部亦具花盘,亦有苞片。上位子房,2心房组成一室,具多数胚珠。蒴果,种子小,有毛。

垂柳。枝细长而下垂,单叶互生,叶线状披针形。芽仅具芽鳞1枚,顶芽缺少。雌雄异株。柔荑花序直立。2心皮合成一室,1花柱,柱头2裂,胚珠多数。蒴果。

杨柳科约500种,分布于北温带和亚热带地区;中国约230种。本科植物是营造防护林、行道树、用材树和绿化环境的重要树种,我国广泛栽培的有毛白杨、响叶杨、旱柳、垂柳、加拿大杨、钻天柳等树种。

第二十一,桑科。木本,乔木,灌木,有时藤本,稀草本。单叶互生或对生,托叶早落;子房多上位,1~2室,每室有1胚珠;聚合核果、聚合瘦果或聚花果。种子有或无胚乳。

桑科约60属,1000种,主要分布于热带、亚热带地区,少数分布在北温带地区;中国有16属,160余种。无花果、波罗蜜、面包树、桑等的果实可食。桑叶、柘叶是蚕的饲料。榕、槠是园林绿化和木材树。桑树、构树的种子及根皮均可作药用。

第二十二,葡萄科,落叶木质藤本,具茎卷须,茎皮呈片状剥落;髓褐色。叶掌状缺裂,基部心形,花瓣合生成帽状,花时脱落,圆锥花序,浆果。广为栽培,果可生食,或制葡萄干,或酿酒,根、藤可药用。葡萄科植物还有爬山虎、山葡萄、乌敛莓、五叶地锦等。

(二)单子叶植物主要科

1. 天南星科

天南星科为草本稀灌木或附生藤本。叶常基生,叶柄基部常为鞘状,叶片全缘时多箭形、戟形,或掌状、羽状、放射状分裂;花聚集成肉穗花序,花两性或单性,通常雄花位于花序上方,雌花位于花序下方,中部为中性花,花序下或外有佛焰苞。花被存在时2轮,4~6花被片。1子房,由1至数心皮合成,每室有胚珠1至数颗;果浆果状,密集于肉穗花序上。稀聚合果。种子胚乳厚或少或不存在。

天南星科约105属,2000余种;中国有35属,200余种。许多种类如菖蒲、半夏、虎掌、千年健等是常用的中药;芋、魔芋等可食用;绿巨人、海芋、火鹤、红宝石、马蹄莲、观音莲、海芋、龟背竹等都是很有价值的观赏植物。

2. 泽泻科

泽泻科为多年生草本,有根状茎,水生或沼生。叶多基生,有长柄,具叶鞘。直立或浮水以至沉水;总状花序或圆锥花序,花两性或单性,整齐。花被显著,3 萼片宿存,3 花瓣,雄蕊多为 6 至多数。心皮多数分离,常为 6 至多数,子房上位,1 室;瘦果,稀蓇葖果。种子无胚乳。

泽泻科 11 属,约 100 种,广布于各地,生活在水中或沼泽地;中国有 4 属,20 余种。泽泻、慈姑等可入药,益肺化痰,清热解毒。

3. 百合科

百合科为多年生草本,少亚灌木或乔木状。茎直立或攀援,具根状茎、块茎或鳞茎;单叶互生或基生,少对生或轮生;花两性,少单性,辐射对称,3 基数。花被片有 6 片,排列成两轮;雄蕊通常有 6 枚,2 轮。雌蕊子房上位,3 心皮,3 室。中轴胎座,稀为 1 室的侧膜胎座;蒴果或浆果,少坚果。种子有胚乳。

百合科约 230 属,3500 种,全球分布,以温带、亚热带地区最丰富;中国有 60 属,约 600 种。百合、玉簪、郁金香、芦荟、万年青、萱草等是著名花卉;著名药材有贝母、黄精、麦冬、川贝母、玉竹、天门冬等;葱、蒜、韭、洋葱等是重要蔬菜。

4. 石蒜科

石蒜科为多年生草本,具鳞茎或根状茎;叶狭长、线形,通常基生。花通常两性,单生或各式花序;6 花被片,2 轮;雄蕊常 6 枚,2 轮。蒴果或浆果。

石蒜科约 90 属,1300 多种,主产于热带、亚热带地区;中国有 17 属,30 种。君子兰、文殊兰、水仙、朱顶兰、晚香玉等具有很高的观赏价值;石蒜、水仙等可入药。

5. 禾本科

禾本科为一至多年生草本,竹类茎为木质,呈乔木或灌木状。须根系;地上茎称秆,秆圆柱形,中空,节与节间明显。单叶互生,2 列,由叶鞘、叶片组成,叶鞘开裂,有时具叶舌和叶耳;叶片长线形或披针形,具平行脉,不具叶柄;竹类叶具短柄,与叶鞘相连。花序顶生或侧生,多圆锥花序,或总状、穗状花序。小穗是禾本科的典型特征,由颖片、小花和小穗轴组成;通常两性,或单性与中性,由外稃和内稃包被着;雄蕊有 3～6 枚,2～3 心皮,子房 1 室,1 粒胚珠;柱头多呈羽毛状。颖果,少囊果、浆果或坚果。

禾本科约 620 属,10000 多种;中国约 190 属,1200 多种。小麦、水稻、玉米、大麦、高粱、谷子等是人类粮食和牲畜饲料的主要来源,也是加工淀粉、酿酒、造纸、编织等的重要原料;竹广泛用于建筑方面;甘蔗是制糖的主要原料;

薏苡等可入药;狗尾草、狗牙根、马唐、画眉草、牛筋草等是常见的杂草。

6.莎草科

莎草科 80 属,约 5000 种,分布于潮湿地区;中国有 31 属,660 余种。荸荠的块茎可食用或提取淀粉;高山蒿草、低苔草等为优良牧草;香附子、短叶水蜈蚣等可入药;各类莎草、牛毛毡、荆三棱等是常见田间杂草;白颖苔草、异穗苔草等可作草坪;旱伞草可供观赏;蒲草可作蒲包;乌拉草是东北三宝之一,鞋中内絮捶软的乌拉草可防寒。

7.兰科

蒴果,种子极小。全科约 700 属,20000 种,分布在全球热带、亚热带地区,少数分布于温带地区;中国约 170 属,1200 余种。春兰,花多单生,早春开花;蕙兰,总状花序,春末夏初开花;建兰,总状花序具花 3~7 朵,秋季开花;寒兰,秋末冬初开花。此外,蝴蝶兰、兜兰等也为重要花卉;天麻、石斛等可供药用;香荚兰属中有少数可提取香精。

人们在认识和利用植物的过程中,逐步建立了两种分类方法,即人为分类法和自然分类法。人为分类法通俗易懂,方便实用,而自然分类法科学性强。植物分类的等级单位包括界、门、纲、目、科、属、种,种是基本的分类单位。采用"双名法"对植物进行统一的科学命名,即用拉丁文表示的学名。植物检索表是鉴定植物种类的工具书。

植物可分为低等植物和高等植物两大类群。低等植物在植物界中起源早,个体结构简单,没有根、茎、叶的分化;有性生殖时合子不形成胚而直接萌发成新的植物体;多生活在水中或潮湿环境。

被子植物包括双子叶植物和单子叶植物两个纲,其中包括了与人类关系非常密切的科与种。

第二节　植物的细胞与组织

一、植物的细胞

(一)植物细胞的概念

植物虽然种类繁多,个体大小差异显著,但是在微观上都是由一个个细胞组成的,只是细胞数量、形态上不同而已。

单细胞植物,如细菌、蓝藻、小球藻等,个体只有一个细胞,其一生对所需营养物质的摄取,内部物质、能量的合成与分解,繁殖后代及应对各种各样恶劣环境等,所进行的极其复杂的生理代谢活动,皆由这个细胞独立完成。复杂的高等植物个体由多细胞构成,但其整个生命活动都是建立在每个细胞的生命活动基础之上,如植物能进行光合作用,其实是每个绿色细胞都在进行光合作用的综合宏观表现。

测定植物器官或组织的呼吸速率,其测定值其实是组成它们的每个生活细胞呼吸速率之和。构成植物体的细胞通过胞间连丝密切联系、分工协作,有序完成植物体从生长、发育到衰老、死亡的整个生命过程,因此可定义:植物细胞是植物体形态、结构和生理功能的基本单位。

植物细胞和动物细胞的主要区别在于:①绿色植物细胞的细胞质中有叶绿体,能够进行光合作用合成有机物,所以绿色植物是自养生物,而动物细胞没有叶绿体,不能把无机物合成有机物,是异养生物;②植物细胞,特别是成熟的植物细胞内有大液泡,而动物细胞没有;③植物细胞外包裹有细胞壁,而动物细胞没有,所以触摸植物感觉一般是硬硬的,而动物是软软的。

(二)植物细胞的形状与大小

植物细胞的形状与大小并不都是一样,其形状主要由其遗传特性和担负的功能所决定,其次还与细胞所处的位置及环境因素有关。如植物表面起保护作用的细胞一般是扁平的,而内部起输导物质作用的细胞是长管状的,起机械支撑作用的细胞通常具有厚的细胞壁,并由于承受重力的不均匀呈现凹凸的星形、多角形,处疏松环境中且成熟度低的薄壁细胞和顶端分生组织的细胞一般是球形、多面体形。所以常见形状有球形、多面体形、长方体形、长柱形、长筒状、纤维形等。总之,植物细胞的形状与其担负的功能是相对应的,功能决定形态,形态适应于功能。

植物细胞一般很小,需借助显微镜才能观察到。大多数植物细胞的平均直径范围为 $10\sim100\mu m$,最小的生物支原体细胞,其直径仅为 $0.2\sim0.3\mu m$。但也有少数肉眼可见的大型细胞,如棉外种皮细胞外壁向外突出生长,形成的表皮毛细胞长可达 75mm,麻的纤维细胞长达 550mm,成熟西瓜的果肉细胞直径可达 1mm 左右。

(三)植物细胞生命的本原物质——原生质

原生质是生命的本原物质,是细胞内所有生命物质的总称,是细胞形态、结构和生理活动的物质基础。生命来源于原生质。生命的基本特征是新陈代谢,新陈代谢是包括同化作用和异化作用两个对立而又辩证统一的过程。同化作用,主要是指生物体内物质的合成和能量的贮存;而异化作用,则是物质的分解和能量的释放。光合作用和呼吸作用是自然界中最重要的同化作用和异化作用。

1.原生质的物质组成

原生质的化学组成包括无机物和有机物两大类。无机物主要是水和无机盐;有机物主要是蛋白质、核酸、脂类、糖类和生理活性物质等。蛋白质、核酸、脂类、糖类等有机物以分子形式存在,由于分子量一般很大,所以又称生物大分子或生物高分子物质。

(1)蛋白质。蛋白质是原生质的主要组成物质,没有蛋白质就没有生命。蛋白质约占细胞内原生质干重的60%,其组成元素主要有4种:C、H、O、N,此外还含有S、P等元素。

蛋白质的基本组成单位是氨基酸。植物体内由氨(NH_3)合成的第一个氨基酸,是氨与糖分解的中间产物α-酮戊二酸合成的谷氨酸。谷氨酸在氨充足时,可进一步结合一分子氨形成谷氨酰胺。谷氨酸和谷氨酰胺可作为氨供体,通过转氨基作用和多种酮酸合成多种氨基酸。氨基酸有20多种,氨基酸之间脱水形成肽键(即—CO—NH—),2分子氨基酸以肽键连接叫二肽,3分子氨基酸以肽键连接叫三肽,3分子以上氨基酸以肽键连接称多肽或多肽链。蛋白质分子正是一种由几十个、几千个、甚至上万个氨基酸所形成的一条或多条多肽链组成的多肽高分子有机物质。

每种蛋白质分子中的多肽链都按特定的方式旋转、缠绕成一定的空间结构,表现出特有的生理功能。一旦空间结构发生变化,蛋白质分子就会失去其具有的生理活性,这种现象称蛋白质变性,如重金属、强酸碱、高温、严寒等不良因素常使蛋白质发生变性,导致细胞、组织、器官甚至植物个体的损伤和死亡。

蛋白质在细胞内可以单独存在,也可与其他物质结合。如与类脂结合形成脂蛋白,与糖结合形成糖蛋白,脂蛋白、糖蛋白与膜的形成和膜的识别能力有关;蛋白质与核酸结合形成核蛋白,染色体就是脱氧核糖核酸与组蛋白结合形成的一种核蛋白;蛋白质还可与金属离子结合,如与 Fe^{2+}、Fe^{3+}、Cu^+、Cu^{2+} 结合形成金属蛋白,由于其吸收光的高峰位于特定的波长而呈现一定的颜色,所以又称色素蛋白。如呼吸链中以铁-卟啉复合体为辅基的细胞色素蛋白系列,是重要的电子传递体,在电子传递和能量转换过程中起重要作用。

在生物体内由生活细胞产生,在体温条件下便可催化各种生化反应的酶,也是一种具有催化活性的蛋白质。酶能降低生化反应的活化能,具有极高的催化效率,比无机催化剂催化效率高一千万到十万亿倍($10^7 \sim 10^{13}$ 倍)。

细胞内还有一类作为养料贮藏的蛋白质,不参与原生质体的构成,无生理活性。

(2)核酸。核酸的基本构成单位是核苷酸,核酸是由核苷酸脱水所形成的多核苷酸长链。核苷酸由核苷和磷酸组成,核苷又由碱基、戊糖合成。

核酸有两种:脱氧核糖核酸(DNA)和核糖核酸(RNA)。

DNA 是由走向相反的两条多核苷酸链向右螺旋形成的双螺旋结构,像螺旋形的梯子,磷酸和脱氧核糖连接形成两侧的骨架,脱氧核糖上的碱基朝内侧与另一侧骨架上相对应的碱基通过氢键结合,形成碱基对,似梯子的踏板。碱基对具有特异性,只能 A 与 T 相配对,形成 2 个氢键,G 与 C 相配对,形成 3 个氢键。因此,当一条多核苷酸链上的碱基排列顺序确定了,另一条肽链上的碱基必按对应的顺序排定。细胞分裂时,DNA 的双链打开,根据碱基配对原则,可复制出两个完全相同的 DNA 分子。DNA 主要存在于细胞核中,与组蛋白结合成核蛋白,由于这种核蛋白易被碱性材料染色,又称为染色质,呈长细丝状分布在核质中,在细胞分裂时可螺旋变粗成固定形状,称染色体。染色体是生物细胞内唯一可复制并遗传给后代的重要物质。每种生物,其所有细胞的核内都有一套属于自己所特有的染色体,携带着生物体的全部遗传信息,正如建造大厦的图纸一样,据信息可建造自身并复制一份遗传给子代,保持了物种的遗传性和相对稳定性,这也是细胞具有全能性的理论依据。

RNA 是在细胞核内,以 DNA 双链中的一条链为模板合成的单链多核苷链,新合成的 RNA 与 DNA 模板上的碱基序列也是互补的,但与 DNA 模板上的腺嘌呤(A)配对的是尿嘧啶(U),组成其核苷的不再是脱氧核糖,而是核糖。RNA 合成后随即进入细胞质内。RNA 有三种类型:信使核糖核酸(mRNA)、转移核糖核酸(tRNA)、核糖体核糖核酸(rRNA)。mRNA

是以 DNA 为模板复制合成的核苷酸片段,此复制过程称为转录。mRNA 上 3 个相邻的核苷酸碱基序列代表着一种氨基酸,mRNA 约占 RNA 总量的 5%,合成后 mRNA 进入细胞质与核糖体结合,成为蛋白质合成的模板;tRNA 以游离形态存在于细胞质中,约占 RNA 总量的 15%,tRNA 能把根据 mRNA 上碱基序列所指示的氨基酸转运到核糖体上,合成蛋白质多肽。常把以 mRNA 为模板,将遗传信息表达为蛋白质中氨基酸顺序的过程,即合成蛋白质的过程,称作翻译。复制—转录—翻译,即:①DNA—DNA(复制)、②DNA—RNA(转录)、③RNA—蛋白质(翻译)是生物遗传的中心法则。rRNA 占 RMA 总量的 80%,在细胞质中与蛋白质结合形成核糖体,核糖体是蛋白质合成的场所。

(3)脂类。脂类为油、脂肪、类脂的总称。油和脂肪是细胞内良好的储能物质,比淀粉储能效率高,组成元素为 C、H、O 三种,是由甘油和脂肪酸组成的三酰甘油酯;类脂主要有磷脂、糖脂和硫脂等,除含 C、H、O 三种元素外,还含有 P、N、S 等元素,为细胞构成物质。脂类可溶于多数有机溶剂,但不溶解于水。

油有时也称脂肪,植物中的脂类因多以油滴形式存在,在室温下呈液态,所以称"油"。油多由不饱和脂肪酸和甘油合成;脂肪在室温中呈固态,多由饱和脂肪酸和甘油合成,动物含固体脂肪多;类脂肪中的磷脂主要为卵磷脂,卵磷脂分子像一个蝌蚪,头部是由甘油的一个羟基、磷酸和胆碱结合构成的亲水性极性基因,尾部则是由甘油的两个羟基同两分子脂肪酸相结合形成的疏水性非极性基团。

多个卵磷脂分子在胶体中汇聚在一起时,可形成疏水尾部两两相对的双分子层,正是这种双分子层构成了生物膜的骨架。

此外,蛋白质常与糖脂和硫脂结合形成脂蛋白,也是生物膜的成分。

(4)糖类。糖类指细胞内的碳水化合物,含 C、H、O 三种元素,有单糖、双糖和多糖三大类,可直接来源于植物的光合作用。糖为生命活动提供能量,为合成原生质大分子提供碳架,作为生物膜和细胞壁的组成成分,构成植物体。

糖可与蛋白质、脂结合形成糖蛋白、糖脂,组成生物膜,对物质和信号起识别、传递作用。

2. 原生质胶体的理化特性

原生质主要是由蛋白质、核酸、磷脂等长链大分子形成的颗粒分散在水中后形成的。其颗粒直径为 1~100nm,属胶体颗粒大小范围。原生质是一种有一定弹性和黏性、无色、半透明、半流动状态的胶体溶液，具胶体特性。因其颗粒带有—COOH、—OH、—NH₂等极性基，能吸附水分子，因此，原生质是一种亲水胶体。

原生质胶体的理化特性概述如下：

带电性的原生质胶粒主要由蛋白质组成，蛋白质分子是可进行两性解离的物质，因此，原生质胶粒具带电性。其带电荷可随溶液 pH 的变化而呈现出两性离子、正离子、负离子三种状态，这使胶体溶液能更好地和环境进行物质交换，并具有一定的缓冲性，从而提高植物对环境的适应能力。

当蛋白质所带正、负电荷相等，即净电荷为零时，此溶液的 pH 称为该蛋白质的等电点。在等电点时，蛋白质的溶解度减小，易沉淀析出。植物原生质胶体的等电点通常为 pH4.6～5.0。在非等电点时，原生质胶粒表面一般带有同性电荷，由于同性相斥，使其在溶液中易于分散。

吸附性由于原生质胶体颗粒分散度很高，总表面积很大，表面能也相应增加。它可通过分子间的吸引力吸附多种物质，如水、酶、矿物质、色素及生理活性物质等物质，进一步进行复杂的生理代谢活动。

原生质胶体具有很强的吸附水的能力，即亲水性。离胶粒近的水，与胶粒结合牢固，一般不参加代谢活动，称束缚水，如干燥的小麦、玉米等淀粉种子中含水量一般为 12%～14%，这部分水为束缚水。束缚水可维持原生质的活性，并保护原生质与外界空气隔绝不被氧化，因此，原生质含量多的种子寿命长，抗逆性强；而离胶粒较远的水，吸附力减弱，可自由移动，称自由水。

黏性、弹性、原生质胶体的黏性，与束缚水和自由水的相对含量有关。束缚水多，自由水相对少的，则黏性大，相反则黏性小。用一定的外力拉长细胞质，去掉外力后细胞质又缩回原状，说明原生质具有弹性。黏性与弹性一般呈正相关，即黏性大则弹性大，黏性小则弹性小。

植物细胞内原生质的黏性和弹性大，则生长代谢慢，但抗逆性强，如抗干旱、低温；黏性和弹性越小，则生长越旺盛，但抗逆性小，如春季萌芽开花后，植物易受冻伤。

原生质胶体通常呈现两种存在状态，即溶胶状态和凝胶状态。溶胶是含自由水较多的液体半流动状态。溶胶在适当条件下，整个体系会转变成一种具弹性的半固体状态，失去流动性。这种现象称为凝胶化作用，引起这种转变的主要因素是温度和水分。

当温度降低胶粒动能减小或水分减少时，胶粒之间的距离缩小，互相连接形成网状结构,水分子处于网眼结构的孔隙之中,这时胶体呈凝胶状态。当温度升高胶粒动能增大时,或水分含量增高时,胶粒距离增大,联系消失,网状结构不再存在,胶粒呈自由活动状态,即溶胶状态。

夏季雨水多,细胞原生质处于溶胶状态时,植物代谢活跃,生长旺盛,但抗逆性较弱;冬季根、茎、种子细胞内的原生质处在凝胶状态,代谢微弱,器官处于休眠期,对低温、干旱等不良环境的抵抗能力提高。因此,植物通过两种存在状态的相互转化来调控生长发育的节奏,以适应环境。

凝聚化作用原生质胶粒在一定的 pH 溶液中带同性电荷及原生质胶粒外包裹的水化膜,是原生质胶体处于稳定状态的两个重要条件。当这两者被破坏时,如加入一定量的电解质,就会消除水化膜和胶体带电性,原生质胶粒会合并成大的颗粒沉淀析出,这种现象称凝聚化作用。凝聚时间一长,原生质结构就会受到破坏,引起植物死亡。如制豆腐时,加水磨成浆状的大豆蛋白质胶体,包裹着一层水化膜在沸水中分散存在,加入少量商水(含 MgCl),便可很快沉淀析出成豆脑,压干水分后即为豆腐。

此外,重金属、高温、农药等能使蛋白质发生变性,导致原生质胶体发生凝聚化作用,引起植物组织、器官甚至个体死亡。

(四)植物细胞的基本结构

虽然植物细胞的形状、大小有差异,但其基本结构却是相似的,都由细胞壁和原生质体两部分组成。原生质体来源于原生质,是分化了的原生质,是细胞内所有结构和生命部分的总称。原生质体的不断代谢活动可产生细胞壁、液泡和细胞后含物。

1.原生质体

原生质体包括细胞膜、细胞质和细胞核三大部分。

(1)细胞膜。细胞膜又称质膜或胞外膜,位于原生质体外围、紧贴细胞壁内侧,厚度约 $7.0\sim7.5$ mm。细胞膜和细胞内的胞内膜,统称生物膜。两层磷脂分子以疏水性尾部相对,组成生物膜骨架。蛋白质或嵌在脂双层表面(称外在蛋白),或嵌在其内部(称内在蛋白),或横跨整个脂双层(称跨膜蛋白),其分布的不对称性保证了生命活动的高度有序性。

生物膜的主要功能为:包裹形成细胞和细胞器,为生命活动提供相对稳定的内环境;具有选择通过性,对进出细胞或细胞器的物质具有很强的选择性,以维持正常的生命活动;是许多重要生化反应的场所,如电子的传递、能量的贮存和转换一般都是在膜上进行的。此外,细胞膜在物质跨膜运输、细胞识别、信号传递等方面也发挥着重要的作用。

(2)细胞质。细胞质是细胞膜内除细胞核之外的原生质体部分,在活细胞内总是不断流动着的。细胞质由细胞质基质(简称胞基质)和悬浮在胞基质中的细胞器组成。

胞基质是细胞质中均质而半透明的胶体部分,填充在其他有形结构之间,其化学组成包括水分、无机离子、氨基酸、核苷酸、脂类、糖类、蛋白质和RNA等。胞基质是细胞器及细胞核存在的介质,为细胞器行使功能提供所需物质并沟通彼此之间的联系。同时,胞基质也是许多生化反应进行的重要场所,如呼吸作用中的糖酵解和磷酸戊糖途径、光合作用时蔗糖的合成等是在胞基质中进行的。

细胞器是指细胞质中具有一定形态结构和特定生理功能的微结构或微器官,它们分工协作,共同完成整个细胞的生命活动。在光镜下可看到其基本形态的细胞器是质体、线粒体和液泡,更精细的结构及其他更微小的细胞器需借助电子显微镜才能看到。现把细胞器的类型及主要情况概述如下:

质体。质体是由两层生物膜围成,是由幼龄细胞内的前质体分化成熟而来。根据所含色素情况,质体分为叶绿体、有色体和白色体三种。叶绿体主要存在于植物体绿色部位的细胞中,呈扁球形,由双层被膜、类囊体系统和基质三部分构成,是光合作用的场所。叶绿体含有叶绿素和类胡萝卜素,由于叶绿素含量较多,所以叶绿体呈绿色。有色体也称杂色体,含有胡萝卜素和叶黄素,两者比例不同,而呈现出橙红、黄之间的各种颜色。有色体主要存在于花瓣和果实细胞中,能积累类胡萝卜素和淀粉,常使花、果呈现黄或橙黄色。白色体不含可见色素,也叫无色体,其作用是贮藏同化产物。根据贮藏物质不同,它可分为造粉体、造蛋白体和造油体,分别形成比它原来体积大很多倍的淀粉粒、糊粉粒和油滴。叶绿体、有色体和白色体在一定条件下可相互转化。如胡萝卜根中的有色体和葱白中的白色体见光后,可合成叶绿素成为叶绿体;秋天叶绿体中的叶绿素分解后可变为有色体,使叶片由绿变黄。

线粒体。线粒体也是由双层膜围成的细胞器,在光学显微镜下的线粒体为线形或杆状颗粒,存在于所有生活细胞中。线粒体是有氧呼吸、有机物分解、能量ATP形成的场所。线粒体、叶绿体都含有自己的DNA,具半自主遗传特性。

液泡。液泡是植物细胞特有的细胞器,由单层膜围成,其功能主要是调节细胞水势和维持细胞的膨压、参与细胞内物质的积累、储藏与转化。幼嫩细胞中的液泡小而多,随细胞的长大,小液泡不断汇集变大,至细胞分化成熟时,通常只有一个大液泡,可占据细胞体积的90%以上,使细胞质和细胞核靠近细胞壁。液泡内的水溶液称细胞液,主要成分是水,还含有可溶性糖、有机酸、植物碱、单宁、色素、无机盐、晶体等,决定果实酸、甜、苦、辣等风味品质。液泡内常有色素为花青素,其颜色因pH值的变化而不同,常呈现红(pH<7)、紫(pH=7)、蓝(pH>7)三色,与叶绿体、有色体所呈现的色彩交相辉映,使植物世界五彩缤纷。

内质网。内质网是由单层膜围成的扁平囊、槽、池或管形成的,并相互沟通形成网状系统。内质网分粗糙内质网和光滑内质网。粗糙内质网附有核糖体,主要功能是合成蛋白质;光滑内质网主要进行糖蛋白、低分子糖、脂类物质的合成,与细胞壁的形成有关。

高尔基体。高尔基体是一叠由扁平、平滑、近圆形的单位膜围成的囊组成的扁囊堆。它是细胞分泌物最后加工和包装的场所,参与多糖合成,与细胞壁的形成有关。

核糖体。核糖体又称核糖核蛋白体,附着在内质网、核膜上或游离于细胞中,是无膜包被的细胞器。每一细胞内的核糖体可达数百万个,由约60%的rRNA和40%的蛋白质组成。核糖体是合成蛋白质的细胞器,由大小两个亚基组成。

溶酶体。溶酶体是由单层膜围成的囊泡状细胞器,来自高尔基体和内质网分离的小泡。它内含多种水解酶,参与大分子物质的分解,与细胞的程序化死亡有关,可消化掉体内代谢废物及细胞,如导管形成时内含物的消失、叶片脱落时叶柄离层细胞的消解等。

圆球体。圆球体是由半个单层膜围成的球状小体。它内含脂肪酶,与脂肪代谢有关,可积累或分解脂肪,也具有溶酶体的部分性质,含有多种水解酶。

微体。微体由单层膜围成,呈球形,包括过氧化物酶体和乙醛酸循环体。过氧化物酶体参与植物的光呼吸。乙醛酸体与脂肪代谢有关,在其中可分解脂肪为糖。

微管和微丝。真核细胞的细胞质中普遍存在微管和微丝,是由蛋白质纤维构成的网架系统。网架系统与细胞形态的构建和维持、胞基质的运动、胞内能量的转换密切相关。微管在细胞分裂时,参与纺锤丝、细胞膜和初生壁的形成。

(3)细胞核。绝大多数植物的细胞核呈球形或椭圆体形,外有双层膜包裹,悬浮在细胞中央或细胞一侧。细胞内一般只有一个核,真菌和个别的植物细胞中(如花粉囊的绒毡层细胞)有双核或多核的现象。由于细胞核是遗传物质 DNA 存在的部位,因此细胞核是植物遗传和代谢的控制中心。除细菌和蓝藻外,多数植物是真核生物,其细胞核由核膜、核质和核仁构成。

核膜。核膜由内、外双层膜构成,核膜上有核孔,可自行调节开关,是细胞核与细胞质之间物质、能量、信息沟通的通道。

核质。核质比细胞质密度大,由染色质和核基质组成。染色质是细胞核内易被碱性材料染色的物质,主要由 DNA 和组蛋白组成。在细胞进行有丝分裂时,细丝状的染色质经多级盘绕、折叠、压缩形成具有特定形态的染色体;核基质是细胞核内除染色质与核仁以外的部分,染色质和核仁悬浮在其中。

核仁。核仁呈球形,通常有一至多个,比核质黏稠,是 rRNA 合成、加工和装配组成核糖体亚基等的重要场所。

2. 细胞壁

细胞壁是植物细胞特有的结构,它包围在原生质体的最外面,主要起保护和机械支撑细胞的作用,同时维持细胞的形状。当细胞过度吸水时,可通过壁压升高细胞液的水势,阻止细胞继续吸水,防止细胞胀破。细胞壁可分三层:胞间层、初生壁和次生壁。所有细胞都有胞间层和初生壁,而次生壁只有某些特殊生理功能的细胞才具有。

(1)胞间层。胞间层是细胞在分裂的过程中产生的,为相邻两细胞共有的一层,呈薄膜状,主要成分是果胶质。桃等果实成熟时,胞间层溶解,细胞分离,使果肉变软。

(2)初生壁。初生壁是在细胞长大的过程中,由原生质体分泌的纤维素、半纤维素和少量果胶质添加在胞间层内侧构成。初生壁较薄、有弹性,能随细胞的生长不断延伸。

(3)次生壁。次生壁是细胞停止生长后,由原生质体代谢活动分泌的壁物质添加在初生壁内侧形成的壁层,其主要成分是纤维素。形成次生壁时,有些细胞在次生壁的纤维素中填充了由原生质体分泌的一些其他物质,使细胞壁性质发生了变化,这些变化主要有角质化、木质化、木栓化和矿质化。

角质化。角质化是由于在纤维素中填充了角质(脂类化合物)而使细胞壁发生的变化。角质化一般发生在细嫩器官及叶表皮细胞的外壁,形成角质层,可减少植物体水分蒸发及病菌侵害等,增强表皮的保护作用。角质化只发生在细胞外壁,所以多数细胞仍具有活性。

木质化。木质化是由于在纤维素中填充了木质素(复杂酚类聚合物)而使细胞壁发生的变化。木质化的细胞壁坚硬结实,能增强支持巩固能力,例如树干内的导管、管胞、木质纤维、桃果核的石细胞等,都由细胞壁木质化的细胞形成。木质化的细胞最后皆为死细胞。

木栓化。木栓化是在纤维素中填充了木栓质(脂类化合物)而使细胞壁发生的不透气、不透水的变化。木栓化发生在老茎、老根表面的木栓层,由几层木栓化的死细胞组成,能有效地防止水分蒸发、防冻、防机械创伤等。

矿质化。矿质化是纤维素中由于加入矿质元素或其化合物而发生的变化,如硅质或钙质等物质的加入,可增强细胞壁的弹性和硬度。例如,禾本科植物高粱、玉米、竹等茎、叶表皮细胞的细胞壁由于二氧化硅的渗入,因此增强了其抗倒伏能力。

次生壁越厚,细胞腔就越小,原生质也就逐渐消失,易导致细胞死亡。植物体内的纤维细胞、石细胞、导管和管胞等都是次生壁较厚最后原生质体消失的死细胞。

次生壁的增厚是不均匀的。有些地方不增厚,形成相对凹陷的区域称为纹孔,相邻细胞的纹孔常成对地相互衔接,称为纹孔对。有的纹孔处次生壁翘起,称具缘纹孔,常发生在次生壁剧烈增厚的细胞上,如木质部中的导管和管胞。

胞间连丝是贯穿细胞壁连接相邻细胞的成束原生质细丝,多从纹孔穿过,有的也从细胞壁其他地方穿过。纹孔和胞间连丝是细胞间联系的通道。胞间连丝是单细胞植物向多细胞植物进化的产物,它使植物体所有细胞的细胞质连成一个统一的有机整体。

3. 细胞后含物

细胞后含物是原生质体新陈代谢剩余的产物,一般贮藏在细胞质和液泡中,主要包括贮藏营养物质、生理活性物质和其他杂类物质。细胞后含物中具有营养价值的贮藏物质,如淀粉、脂类和蛋白质等,是作物产量形成的物质来源。

(1)贮藏营养物质。常见的贮藏物质有淀粉、蛋白质和油滴等。

淀粉是植物细胞中最普遍的贮藏物质,光合产物可溶性糖运输到造粉体,由造粉体将其合成为颗粒状的淀粉粒。淀粉粒中间有脐,围绕脐有许多的同心轮纹层次。淀粉粒主要存在于种子的胚乳及甘薯、马铃薯、芋等的根茎中。植物不同,淀粉粒形状、大小、轮纹不同,可作为鉴别植物的特征之一。

贮藏的蛋白质是无生命的,籽粒中的蛋白质分子常在小的液泡中聚集形成晶体状或不定形态。在籽粒成熟的过程中,小液泡脱水呈颗粒状,称糊粉粒。如禾本科植物成熟籽粒中紧邻种皮内侧的一层细胞,因储存有大量糊粉粒,称糊粉层。

脂类累积在造油体或圆球体中。植物细胞中或多或少都含有脂类,常温下呈液态的称油,呈固态的称脂肪。植物中的脂类多以油滴的形式存在于细胞质中。油料作物花生、大豆、芝麻、蓖麻和胡桃等种子的子叶或胚乳中植物油含量很大,如花生中可达 40％以上。

(2)生理活性物质。生理活性物质是指生物体内含量微少、生理作用大、正常生命活动不可缺少的一类生理活性物质,主要有维生素、激素、酶、抗生素等。维生素有维生素 A、D、E、K、B、C、P 等;激素主要有生长素(IAA)、赤霉素(GA)、细胞分裂素(CTK)、脱落酸(ABA)和乙烯(ETH)等;抗生素又称抗菌素,是指由放线菌、霉菌类真菌等微生物代谢活动所产生的能抑制、杀死致病微生物的一类活性物质,如青霉素、头孢菌素、四环素、土霉素、氯霉素、红霉素、氧氟沙星等,目前已知的天然抗生素不下万种。一些高等植物体内也可产生杀菌物质,如大蒜素、辣椒素、小檗碱、绿原酸、茶多酚等,称为植物杀菌素。

(3)其他杂类物质。其他杂类物质主要为存在于液泡中的晶体、无机盐、花色素、有机酸、可溶性糖、植物碱等。晶体多数为草酸钙晶体。此外,桑、麻等桑科、葎草科植物叶片表皮细胞含碳酸钙晶体,玉米、旱伞草等禾本科、莎草科植物叶、茎表皮细胞含二氧化硅晶体。有机酸主要有草酸、柠檬酸、苹果酸、酒石酸等。有些植物茎、叶及未熟果肉细胞的细胞质、液泡、细胞壁中含植物碱、酸类物质丹宁等。植物碱为含氮杂环化合物,如茶、咖啡中的咖啡碱、烟草中的尼古丁(烟碱)等;柿、栎、橡树等含丹宁多,其未熟果实具涩味。

(五)植物细胞的繁殖

植物细胞繁殖的结果导致细胞数目的增多,植物的生长发育、子代的繁衍都建立在细胞繁殖的基础之上。

1. 有丝分裂

有丝分裂是真核细胞分裂产生体细胞的最普遍的分裂方式,如根尖、茎尖分生区及根、茎内部的形成层细胞,在生长季节持续以丝分裂的方式进行繁殖,使根、茎生长和加粗。因分裂过程中出现纺锤丝,所以称有丝分裂。

在分裂时,核、核膜、核仁会消失,后又重新合成呈现,所以又称间接分裂。

有丝分裂具有周期性,细胞从上一次分裂结束开始到下一次分裂结束,称为一个细胞分裂周期。有丝分裂过程按先后顺序可划分为间期、前期、中期、后期和末期五个时期,分裂间期时间占细胞周期的90%～95%。整个分裂全过程大约需77～175分钟,细胞种类不同,一个细胞分裂周期的时间也不相同。

(1)分裂间期。间期是为有丝分裂全过程进行活跃的物质准备时期,完成与细胞分裂期有关的RNA、酶的合成;DNA分子的复制;纺锤丝(微管)蛋白及能量的贮备。

(2)分裂前期。已复制的染色质螺旋变粗,成为一定形态的染色体,每条染色体由被着丝点连着的两条染色单体组成;核膜、核仁逐渐消失,染色体散于细胞质中;同时在细胞的两极出现由微管蛋白形成的纺锤丝,两极纺锤丝逐渐向细胞中央延伸;每条染色体的着丝点与纺锤丝相连,并在纺锤丝的牵引下,染色体逐渐移向细胞中央平面或称细胞赤道板。

(3)分裂中期。两极纺锤丝相联结,纺锤体形成;染色体的着丝点都与纺锤丝相连,在纺锤丝的牵引下排列在细胞中央的赤道板上。此时,染色体基本缩短、变粗到固定形态、大小,因此是观察染色体形态、数目最好的时期。

(4)分裂后期。连接两条染色单体的着丝点分开,一条染色体变为两条子染色体,在纺锤丝的作用下,两组子染色体从赤道板分别移向细胞两极。

(5)分裂末期。两组子染色体分别到达细胞两极,两极处形成新核膜,两子核形成;两组子染色体解螺旋成一团染色质存在,染色质生长成细丝状,分散在新核中,复归间期形态,此时核仁重新合成呈现;细胞赤道面处,由原赤道板处纺锤丝和微管新形成的纺锤丝形成成膜体,成膜体相互融合成细胞板,细胞板向四周扩展与原细胞壁连接成新细胞壁,将两个子核分开,于是一个细胞变成两个子细胞。

2. 减数分裂

减数分裂是成熟个体进行有性生殖时,为形成生殖细胞而发生的一种特殊分裂方式,因此又称成熟分裂。它仅发生在生命周期某一阶段,其显著的特点是DNA复制一次,细胞连续分裂两次,一个母细胞形成四个子细胞,子细胞染色体数目只有母细胞的一半。

减数分裂属有丝分裂的范畴,二次分裂都与有丝分裂有诸多相似之处。第一次减数分裂前的间期和有丝分裂间期的细胞所进行的工作相同,分裂期也可划分成分裂前期、中期、后期和末期。

（1）减数分裂Ⅰ。

前期Ⅰ：细胞核内出现细长、线状染色体，细胞核和核仁体积增大。每条染色体含有两条姐妹染色单体，有着丝点连着；细胞内的同源染色体（在植物二倍体细胞中，形态、结构、大小基本相同的两条染色体，其中一条来自母方，另一条来自父方）侧面两两靠近进行配对，这一现象称作联会，配对的一对同源染色体中有四条染色单体；染色体连续缩短变粗，同时，同源染色体中的二条非姐妹染色单体之间发生了 DNA 片断的断裂、交换和再结合，而另二条染色单体则不变。这种交换导致了新的基因重组，对生物变异，有重大意义。

中期Ⅰ：核膜、核仁消失，纺锤体形成，这些特征标志着前期Ⅰ结束，中期Ⅰ开始。所有同源染色体排列在赤道面上，同源染色体的两个着丝点分别朝向细胞的两极。

后期Ⅰ：同源染色体相互分离，并在纺锤丝的作用下移向两极。移向两极的每一条染色体都包含由同一着丝点相连的两条姐妹染色单体。

末期Ⅰ：染色体到达两极后，核膜、核仁重新形成，随之分裂形成连在一起的两个子细胞，称"二分体"，它们的染色体数目只有原来母细胞的一半。

（2）减数分裂Ⅱ。在末期Ⅰ之后，一般有一个短暂的分裂间期，但此时细胞中的 DNA 不再合成，因而染色体也不再复制。第二次减数分裂与有丝分裂过程十分相似，是一种染色等数的细胞分裂。各期特点如下：

前期Ⅱ：已伸展的染色体又螺旋变粗，核膜和核仁再度消失，纺锤丝重现。

中期Ⅱ：细胞内出现纺锤体。每条染色体以着丝粒排列在赤道面上，两臂自由散开。

后期Ⅱ：每条染色体的着丝点分裂为二，每条染色单体有了独立的着丝点，并在纺锤丝的作用下移向细胞两极。

末期Ⅱ：染色体到达两极后，在其周围重新形成核膜，核仁相继出现。染色体去螺旋变得伸展，恢复到染色质状态。随后细胞质分裂。最终结果是由原来的一个母细胞，经过减数分裂产生了四个连在一起的子细胞，称为"四分子"，最后分开成为四个子细胞，每个子细胞中的染色体数目是母细胞的一半。

3. 无丝分裂

无丝分裂是不出现染色体和纺锤体的细胞分裂形式，又称直接分裂，是发现得最早的一种细胞分裂方式。无丝分裂是菌类等低等植物主要的细胞分裂方式,在高等植物的某个时期或某些部位,如块根、块茎的发育组织、居间分生组织的分裂组织、离体培养的愈伤组织中,常见到细胞无丝分裂的方式。

(六)植物细胞的生长与分化

植物的个体发育是植物细胞不断分裂、生长和分化的结果。

植物细胞分裂产生后,首先要生长,刚产生的子细胞只有母细胞一半大小;当长到如母细胞一般大时,除一小部分细胞继续进行分裂外,大部分细胞失去分裂能力;持续生长到一定程度,便进入分化状态。细胞生长是指细胞质量和体积不断增加的过程,依赖于蛋白质等原生质成分的大量合成和水分的吸收,这一过程是不可逆的。

细胞分化是指来源相同的细胞在形态、结构和功能上变得互异的过程,分化了的细胞一般不再分裂。分化导致植物体内产生不同类型的细胞群,即产生组织。植物体内组织类型越多,分工越精细,越能适应外界环境,植物的进化程度也越高。低等植物菌类、藻类和地衣分化程度低,没有根、茎、叶的分化,适应环境能力弱,如没有根、没有输导组织和机械组织,便不能离开多水、潮湿的环境,不能长得高大,畏日光直射。而高等植物,特别是被子植物分化程度高,组织类型多,功能完善,对环境的适应范围、能力较强。

细胞的分裂、生长和分化均受细胞本身遗传因子和植物整体生长发育的控制,也受环境条件和栽培技术的影响。如加强土肥水的管理,可以加快细胞的生长速度;整形修剪可使芽生长点的细胞从叶芽分化状态转化为花芽分化状态,使果树提早进入结果期。

有些已分化的细胞,在一定条件下又回到幼嫩状态,恢复分裂能力,称为细胞的脱分化。如分化程度较低的茎薄壁组织细胞,在茎段扦插繁殖时,细胞可重新恢复分裂能力形成一棵完整植株。细胞脱分化能力在植物营养繁殖、组织培养、更新复壮等方面应用广泛。

二、植物的组织

植物组织是指植物体内形态结构相似、功能相同的细胞所组成的细胞群或细胞组合,是植物在长期适应环境的过程中通过细胞的分化逐渐产生和完善的。高等植物体内包含多种组织,它们分工协作,共同完成植物体的新陈代谢活动。因被子植物具有最多的组织类型，下面以被子植物为例来认识植物的组织。根据细胞分裂和成熟状况，可将植物组织分为两大类：分生组织和成熟组织。

（一）分生组织

1. 顶端分生组织

顶端分生组织位于茎（包括叶芽）、根顶端的分生区（根顶端有根冠覆盖保护）。顶端分生组织细胞的特点是：细胞小，近球形，排列紧密，几乎无胞间隙；细胞壁薄，细胞质浓厚，细胞核相对较大，并位于细胞中央；在光镜下看不到液泡。

顶端分生组织的细胞分裂、生长，使根、茎不断生长。细胞长大分化后，形成根、茎的初生构造，如初生木质部、初生韧皮部等。

2. 侧生分生组织

侧生分生组织位于双子叶植物和裸子植物根、茎的周侧，仅由数层细胞组成，包括维管形成层和木栓形成层。形成层由薄壁细胞重新恢复分裂能力即细胞脱分化形成，细胞多呈扁平的砖状长梭形，有明显的液泡，排列紧密。形成层细胞分裂、长大可使根、茎不断增粗，细胞分化后可形成根、茎的次生构造，如次生木质部、次生韧皮部、木栓层等。单子叶植物无形成层，无次生构造，所以不能无限加粗。

3. 居间分生组织

居间分生组织由顶端分生组织存留在茎节基部、叶基部等部位的细胞形成，与顶端分生组织具有相似的细胞特点和功能，其分裂活动可使基间、叶片等生长，如禾本科植物小麦、玉米、竹的拔节，葱、韭菜的叶片持续生长等，形成的构造为初生构造。

（二）成熟组织

1. 保护组织

保护组织覆盖于植物体表面，由一至几层细胞组成，具有保温、保水、防止机械和病虫伤害等作用，分表皮和周皮两种类型。

（1）表皮。表皮存在于植物叶片和细嫩器官表面，属初生保护组织，通常由一层活细胞组成，少数植物为多层细胞组成，称复表皮。表皮细胞形状扁平，排列紧密，无细胞间隙，细胞的外壁常角质化，形成角质层。表皮上一般有气孔、表皮毛、腺毛等结构。

（2）周皮。周皮由木栓形成层细胞活动形成，属次生保护组织。周皮由木栓层、木栓形成层和栓内层组成。木栓层又称软木层，由木栓形成层细胞向外分裂形成，每年形成一层，细胞壁厚且木栓化，为死细胞。木栓层不透水、不透气、绝热，对植物有更强的保护作用。栓内层由活的薄壁细胞组成，可恢复分裂能力形成下一年的木栓形成层，向内向外分裂又形成下一年的周皮，而原木栓形成层细胞壁木栓化，成为新的木栓层。多年的根、茎外可包裹多层木栓层，如栓皮栎树干上的木栓层厚可达 7～9cm，可用来制作暖瓶塞或葡萄酒瓶塞。根、茎增粗时，木栓层破裂，形成各种裂痕，如树皮纵裂、块裂、鳞裂等；周皮上有皮孔，是木栓层活动形成的，可替代原表皮上的气孔与外界进行气体交换。木栓层裂痕与皮孔形态可作为鉴别植物的重要形态特征。周皮形成后，表皮逐渐死亡脱落。

2. 薄壁组织

薄壁组织是构成植物体的基本组织。植物的主要生理代谢功能基本都由薄壁组织完成，其细胞特点为：细胞大、壁薄，液泡大，排列疏松，有明显胞间隙，细胞质与核靠近细胞壁，一般为等径多面体形。薄壁组织细胞分化程度较低，具有潜在的脱分化能力。根据执行的生理功能不同，薄壁组织可分为吸收组织、同化组织、通气组织、贮藏组织和传递细胞。

（1）吸收组织，主要为存在于根尖成熟区的根毛细胞群，能吸收水分和无机盐。

（2）同化组织，由绿色细胞组成，能进行光合作用。叶肉栅栏组织细胞含有大量叶绿体，是典型的同化组织。

（3）通气组织，水生或湿生植物体内通气组织发达。它们细胞间隙大，形成较大的气室或贯通的气道。植物叶肉中，海绵组织胞间隙发达，有利于光合作用时大量的气体交换；水稻、莲等根茎叶内形成气腔或气道，以适应于缺氧环境。

（4）贮藏组织，果实、种子、块根、块茎中贮藏组织发达。薄壁细胞能大量贮存营养物质。旱生植物如仙人掌、芦荟、景天等，液泡中贮藏有大量的黏性汁液，可降低水分散失。

（5）传递细胞，传递细胞多存在于输导组织与同化细胞之间。如叶脉末端输导组织周围的传递细胞像搬运工，起短距离装卸代谢产物的作用，成为叶肉细胞和输导组织之间物质运输的桥梁。

3. 机械组织

机械组织是植物体内起机械支持和稳固作用的一种组织。细胞的共同特点是细胞壁加厚。根据细胞壁的加厚部位、加厚是否均匀，它可分为两类：厚角组织和厚壁组织。

(1)厚角组织。厚角组织多存于常随风摇曳的幼茎、花梗、粗壮叶脉等表皮下的皮层外围。其细胞壁加厚不均匀，仅在相毗邻细胞间隙处的初生壁发生显著增厚，增厚成分与初生壁相同。厚角组织细胞是活细胞，常含叶绿体，有一定的分裂潜能，有的参与木栓形成层的形成。厚角细胞既有一定的支持作用，又有一定的弹性，适应于组织、器官生长。

(2)厚壁组织。厚壁组织细胞壁均匀加厚，并不同程度地木质化。成熟细胞腔狭小，一般是没有活性原生质体、中空的死细胞。厚壁组织根据形状不同可分为两类，即纤维和石细胞。

4. 输导组织

输导组织在植物体内担负长距离输送物质的功能。细胞的共同特点是：细胞呈管状。输导组织可分为两大类：运输水分和无机盐的导管、管胞与运输有机物的筛管、伴胞。

(1)导管与管胞。

导管。导管由许多管状导管细胞连接而成。导管细胞为细胞壁木质化增厚、无原生质体的死细胞，连接处各细胞横壁消失，形成几厘米至1米左右的长导管，高大的树木和攀缘性强的大藤本植物导管可长达数米。由于次生壁增厚不均匀，形成各种形态不一的导管，概括起来有5种：环纹导管、螺纹导管、梯纹导管、网纹导管和孔纹导管。导管只有被子植物具有。有了它，植物可长得高、长得快，是植物进化的重要特征之一。

管胞。管胞是一种狭长而两头斜尖的管状细胞，直径小，是细胞壁木质化增厚的死细胞，但端壁不消失。管胞纵向排列时，各以先端斜尖彼此贴合，水溶液通过端壁和侧壁上的纹孔进入另一个管胞进行运输。管胞也有环纹、螺纹、梯纹和孔纹等类型。管胞的输导能力远不及导管。裸子植物只有管胞无导管，多数蕨类植物也有低级的管胞，而被子植物体内同时具有导管和管胞。

导管和管胞分布于各器官中，四通八达，特别是主根、主茎中心木质部中数量最多。二者的主要作用是输送根吸收的水和矿盐到植物的上部各器官中去，供其生长所需。由于管壁木质化程度高，导管和管胞兼有机械组织的功能。因木质部中的薄壁细胞会通过纹孔向导管和管胞内生长,一些老的导管和管胞,如树干中心部分的导管和管胞,会被这些细胞及其分泌物如树脂、单宁、果胶等所填充、阻塞,逐渐失去输导能力。

（2）筛管和伴胞。筛管和伴胞是植物体内有机物运输的通道,存在于韧皮部。裸子植物和蕨类植物没有筛管,只有单个细胞形成的筛胞,端壁不形成筛板,而以筛域与另一个筛胞相通。有机物质通过筛域输送,其输导功能较差。

5.分泌组织

分泌组织是指植物体中能产生、贮存或输送分泌物质的细胞群。某些植物在代谢过程中会产生蜜汁、挥发油、黏液、树脂、乳汁、盐类等物质,聚集在细胞内、胞间隙或腔道中,或通过一定结构排出体外。

第三节 植物的营养器官与生殖器官

一、植物的营养器官

"植物的营养器官都具有一定形态结构,行使一定的生理功能。通常,叶分布于地面以上,行使光合作用;根在地面以下,吸收水分和无机盐;茎连接根和叶,起支持、输导作用。"[1]

（一）根

根是植物为适应陆地生活而进化出来的器官。在植物进化历程中,从蕨类植物开始才具有真正意义上的根。根具有将植物体固定在土壤等基质中,为植物吸收水和矿质元素等营养物质,并将其输送到地上部分的功能。根还具有合成、分泌、贮藏物质及无性繁殖等作用。

1.根系的类型

一株植物地下部分所有根的总体,称为根系。根系有直根系和须根系两种类型。直根系的主根发达粗壮,与侧根之间有明显的区别。大部分种

---

[1] 张秋红.植物营养器官变态漫谈[J].生物学教学,2005,30(1):55－56.

子繁殖的双子叶植物和裸子植物都具有直根系,如实生苗作砧木嫁接的果树,蒲公英、车前草等野生植物,棉花、油菜等栽培作物,松、柏等裸子植物;主根不发达或早期停止生长,由茎节基部发出许多粗细相似的不定根组成的根系称须根系,如小麦、水稻、葱、狗尾草等单子叶植物具有须根系。无性繁殖的苗木,如扦插繁殖的白杨、柳、葡萄等植株,虽根系由不定根组成,但在主干正下方有一条比较发达、类似于主根的不定根,这样的根系,称为主根系。

2.根系的分布

根系的分布是指根系在土壤中的垂直分布和水平分布范围。

根据根系垂直分布的深度,可将根系分为深根性和浅根性两类。深根性根系主根发达,可深入土层 3～5m,甚至可达 10m 以上,一般主根系植物属深根性。深根性栽培作物一般根系集中分布在 0～60cm 左右的土层范围内;浅根性根系,主根不发达,垂直分布浅,主要分布在土壤表层,一般深入土层 3m 以内,集中分布在 0～30cm 深的土层中,须根系植物一般为浅根性。但也有例外,如生长在新疆戈壁滩上的小黑麦须根深可达 10m 以上,成为深根性植物,而法桐、樱桃、桃树等直根系木本植物,根系垂直分布与地上部分高度相比相对较浅,在 3m 范围内,为浅根性植物。深根性植物吸收土壤中的水分和矿质元素范围广,所以抗旱、耐瘠薄能力强。

(二)茎

茎是植物重要的营养器官之一。茎向下与根相连,连接处称根茎。茎的主要作用为:一是着生并支撑地上部的叶、花、果、种子四个器官,并使它们具有合理的空间布局;二是可将根吸收的水、矿质元素等营养物质及叶片等光合作用合成的有机物等输导到植物体的各个部分。

此外,茎还具有光合、贮藏、繁殖等功能。

1.茎的组成

茎由节、节间和节上的芽组成,多数植物的茎呈圆柱状,基部较粗。有些呈三棱形(如莎草)、四棱形(如蚕豆、薄荷、迎春花)、扁平柱形(如仙人掌)、多角柱形(昙花)。

裸子植物和双子叶植物第一段茎又称主茎或主干,来源于胚轴和胚芽,由胚芽产生的侧芽萌发形成一级侧枝,又称主枝,侧枝上的侧芽萌发形成二级侧枝,依次类推。芽萌发抽出的枝称新梢,新梢落叶后称一年枝条,一年枝条上的芽第二年萌发后称二年生枝,二年生枝第三年萌发后称三年生枝,三年或以上生枝称多年生枝。新梢的芽当年萌发形成的梢称副梢,桃、葡萄等有多级副梢。

枝条上着生叶的部位称节,相邻两节之间的部分称节间。禾本科植物具有明显的节和节间,如玉米、甘蔗、竹等。其他多数植物的节不明显,只在叶柄基部略有突起。长枝一般节间长,上面多着生叶芽,称为营养枝。中、短枝节间短,花、果多着生在中、短枝上,称结果枝。禾本科植物在拔节前,节间极度缩短,称分蘖节。

枝条茎尖幼嫩,初生构造部位表面具有气孔,形成周皮后的老茎上有许多不同形状的点状突起,为皮孔。气孔和皮孔是茎与外界进行气体交换的通道。皮孔形状常因植物种类不同而不同,可以作为鉴别植物的依据。

2.茎的类型

(1)根据茎的生长习性,将茎分为直立茎、缠绕茎、攀援茎、匍匐茎等类型。

直立茎。绝大多数植物的茎机械组织发达,茎本身能够直立生长,为直立茎,如乔木、玉米、向日葵等。

缠绕茎。茎幼时柔软,机械组织不发达不能独自直立,但能缠绕其他物体向上生长。如牵牛花、菟丝子、菜豆等。

攀援茎。茎幼时较柔软,不能直立,但能以特有的结构攀援其他物体向上生长。如黄瓜、葡萄、丝瓜等以卷须攀援,常春藤以气生根攀援,爬山虎以吸盘攀援。木质化的缠绕茎和攀援茎植物称藤本植物,如紫藤、葛藤、灵霄、扶芳藤等。

匍匐茎。茎细长柔软,沿地面匍匐蔓延生长,节上产生不定根,如甘薯和草莓,可以利用这一习性进行营养繁殖。

(2)根据茎的质地,可将茎分为木本茎和草本茎两大类。

木本茎。植物木质化程度高,质地坚硬,称为木本植物。其中地上部分有一段主干的为乔木,如白杨、松柏、樱花等;从靠近地面就开始产生分枝的为灌木,如牡丹、蔷薇等。

草本茎。木质化程度低,质地柔软。又分一年生、二年生及多年生草本植物,如水稻、马唐、狗尾草等。

(三)叶

叶起源于茎尖分生区细胞分裂产生的叶原基。叶的主要功能是进行光合作用,叶片能进行蒸腾作用以及与外界通过气孔进行气体交换。叶还具有一定的贮藏物质、吸收叶面营养和繁殖的能力。叶菜类蔬菜中含有大量的膳食纤维、维生素和矿质元素,是人体不可缺少的物质。

1. 叶的组成

一个完全叶由叶片、叶柄和托叶三部分组成,三者缺任何部分都为不完全叶。叶片通常呈绿色、扁平形,有利于获取更多光能并让光透过。叶柄连接叶片与茎,为叶片输送营养并通过本身的运动使叶片处于获取光能的最好位置。托叶位于叶柄基部两侧成对存在,一般为两个绿色的小叶,有早落现象。托叶形状因植物种类而异,多数为叶形,菝葜的托叶为卷须状,豌豆的一个托叶比其小叶宽大很多,刺槐的托叶形态为刺状等。

2. 叶的形状

叶的形状比较复杂。植物不同,叶形不同,如松叶为针形,柏叶常为鳞形,杉叶常为条形。即使是同一株植物,叶形有时也不一样。如桧柏既有鳞叶又有刺叶。沙漠中的胡杨树又称异叶杨,生长在幼嫩枝上的叶狭长如柳,老枝条上的叶却阔卵如杨。在描述植物形态时,对形状较规范的叶一般根据叶片长度与宽度的比例及最宽处所在的位置来决定命名。此外,还有一些特殊形状的叶,如银杏的叶为扇形、鹅掌楸的叶为马褂形等,可根据专用或惯用的述语及众所周知的植物叶形状、几何形状及熟悉物品形状加以准确描述,如肾形叶、匙形叶、三角形叶等。

3. 叶缘

叶片的边缘称叶缘。叶缘完整无缺称全缘,其根据叶缘形状又分锯齿缘、牙齿缘、波状缘及叶裂等类型。叶裂根据叶是多条主脉的掌状叶还是只有一条主脉的羽状叶又分为掌状裂、羽状裂,各又分为浅裂、深裂和全裂三种。裂深小于叶宽 1/4 为浅裂,大于 1/4 且小于 1/2 为深裂,掌状叶裂切近叶柄、羽状叶裂切近中脉为全裂。具体还有叶基和叶尖的形状也各不相同,识别植物时应详细观察这些细微差别。

二、植物的生殖器官

(一)花

植物营养生长到一定阶段,形态及内部生理发育成熟,茎顶端由原来分化叶芽各部分的生理、组织状态转化为分化花芽各部分的状态,由外而内依次分化出花萼、花冠、雄蕊和雌蕊四部分,这一过程称花芽分化。花芽萌发、花被展开即为花开。

有些植物如油菜最后突起形成花冠。有许多植物生长锥先突起形成若干个花蕾原基,每个花蕾原基再分化出一朵花的组成部分,花芽萌发后成为由若干花组成的花序。禾本科植物的花序,多呈穗状,其花穗(序)分化过程称穗分化。

1. 花的组成。典型的花由花柄、花托、花萼、花冠、雄蕊和雌蕊六部分组成。具备花萼、花冠、雄蕊和雌蕊四部分的花称完全花,如桃、油菜等;缺少其中任何部分的花称不完全花,如百合花缺花萼,黄瓜雌花中缺雄蕊等。

2. 花蕊的发育与结构。成熟的雄蕊由花丝和花药组成。继茎尖生长锥突起形成花萼、花冠原基后,生长锥细胞又分裂突起形成雄蕊原基,雄蕊原基细胞先分裂、生长、分化形成花药,最后花开放之前的一段时间基部细胞迅速分裂、纵向生长形成花丝,将花药顶起。雌蕊由雌蕊原基细胞分裂形成的心皮围合而成。雌蕊的子房室腹缝线胎座处着生有胚珠。

3. 开花。当花中的花粉粒和胚囊成熟(或其中之一成熟)时,花被展开,露出雌蕊和雄蕊的现象,称开花。禾谷类植物的开花是指内、外稃张开。

4. 传粉。传粉是有性生殖的重要环节,主要有自花传粉和异花传粉两种方式。

第一,自花传粉。花生在花瓣开放前的几小时,花药开裂散粉,完成授粉。花生雌蕊受精后,子房基部细胞分裂,形成子房柄,把子房送入土中。所以豌豆、花生可称为闭花传粉,属于典型的自花传粉方式。

第二,异花传粉。异花传粉是指一朵花的花粉粒传到另一朵花的柱头上,即异花间传粉。生产上,作物不同株间、果树不同品种间的授粉才称为异花传粉。

(二)种子

被子植物受精后,花的组成中,花柄成为果柄,花托成为果托或参与果实形成,花萼脱落或宿存,花瓣、雄蕊脱落,雌蕊中的柱头、花柱也脱落,整个子房发育为果实,其中子房壁形成果皮,子房内的胚珠发育成种子。

种子是植物有性生殖过程的最终产物,是新生命个体的开始。被子植物和裸子植物都形成种子,但被子植物的种子外有果皮包裹,加强了对子代的保护,而裸子植物胚珠外无子房壁包裹,形成的种子是裸露的。这是裸子植物进化程度不及被子植物的一个重要因素。种子的发育分为胚乳、胚和种皮发育。

1.种子的发育

(1)胚乳的发育。被子植物胚乳的发育始于初生胚乳核(受精极核)。初生胚乳核的初始分裂通常早于合子,即胚乳的发育进程早于胚的发育,可为幼胚发育贮集、提供营养物质。胚乳的发育常见形式主要有核型、细胞型两种。

(2)胚的发育。胚的发育从合子(受精卵)开始。合子形成后通常形成纤维素的细胞壁,并经过一段时间的休眠才开始分裂。休眠期时间的长短常随植物不同而异,也受环境的影响。

(3)种皮的发育。种皮由珠被发育而来。单层珠被只形成一层种皮;双层珠被通常形成内、外两层种皮。有些植物有两层珠被,但内珠被退化或完全消失,只由外珠被发育成种皮;有些植物外珠被被吸收消失,内珠被形成种皮,如小麦、水稻等禾本科植物残存的种皮常常与果皮紧贴在一起,主要由果皮对胚起着保护作用。外种皮常木栓化或木质化呈致密性结构,特别是裸子植物的外种皮因无果皮而常由木质化的石细胞组成,内种皮常呈薄膜状。封闭的环境可提高种子的抗逆能力,降低呼吸,使种子的寿命得以延长。

2.种子的组成

从种子各部分发育可知,种子一般是由种皮、胚和胚乳组成,它们分别由珠被、合子(受精卵)、初生胚乳核(受精极核)发育而来。种皮上有种孔(珠孔)、种脐,有的植物种子上还有种脊、种阜。

在种子发育过程中,珠被以内、胚囊以外的珠心细胞和胚囊内的助细胞、反足细胞一般均作为营养物质被吸收而消失。有的植物珠心细胞仍存在,称外胚乳,如甜菜、胡椒等。

3.种子的类型

根据成熟种子内有无胚乳,将种子分为有胚乳种子和无胚乳种子。

(1)有胚乳种子。有胚乳种子由种皮、胚和胚乳组成。少数双子叶植物的种子和多数单子叶植物种子,都属于这个类型。这类种子子叶一般较小或较薄,占种子比重小。

(2)无胚乳种子。无胚乳种子由种皮和胚组成。多数双子叶植物种子和少数单子叶植物的种子,属于这个类型。这类种子的子叶肥厚,占种子比重大。

生产上,通常根据种子内含有的主要贮藏物质不同,分为淀粉种子(或称粮食种子,如小麦、玉米、水稻等)、脂肪种子(或称油料种子,如花生、芝麻等)和蛋白质种子(如豆类等)。

(三)果实

1. 果实的组成

只有被子植物才有果实。果实由果皮和种子组成,无子果实只有果皮。由子房发育而成的果实称真果;而有些植物,除子房外,花的其他部分也参与了果实的形成,如花托、花萼等参与果皮形成,称假果。有的植物不经受精,子房也能发育成果实,称为单性结实,因果实不含种子,称无子果实。

香蕉、葡萄、柑橘等植物天然有单性结实现象,生产上用一定浓度的吲哚乙酸或赤霉素等处理葡萄、西瓜等未受精的雌蕊,可获得无子果实。通过杂交培育奇数多倍体,果实也无子,如三倍体无子西瓜,由四倍体和二倍体西瓜杂交产生。

2. 果实的类型

(1)单果。一朵花形成一个果实,称单果,如桃、苹果等。单果成熟时,果皮肉厚多汁,称肉果;果皮干燥称干果。干果成熟时开裂,称裂果,不开裂称闭果。

(2)聚合果。有些植物,一朵花中有多枚离生单雌蕊聚生在花托上,形成多个小果聚生在一起,即一花多果,称聚合果。又因小果不同而形成多种类型的聚合果。如蔷薇亚科的草莓果成熟后,许多小瘦果聚生在肉质圆锥状的花托上,称聚合瘦果。同为蔷薇亚科的月季、蔷薇等,许多小瘦果聚生并陷埋在坛状的花托内(有时称花筒或萼筒),因果皮木质、有骨感,称聚合骨质瘦果;莲的许多小坚果聚生在圆盘状(莲蓬)花托上,称聚合坚果,等等。草本植物原始科、毛茛科和木本植物原始科、木兰科果实皆为聚合果。

第三章　植物的生长生理过程

　　植物的生长是植物体积和质量不可逆增加的过程,植物的发育是植物体内组织和器官不断按照顺序产生的过程。本章将从植物的生长物质与生长生理、植物的成花与生殖生理、植物的抗逆生理三方面简述植物的生长生理过程。

第一节　植物的生长物质与生长生理

一、植物的生长物质

(一)植物激素

　　"植物激素是作物生长和种子品质形成的重要生命调节物质,种子品质的形成是种子不同生长历程的最终反馈"[①]。植物激素又称为植物天然激素或植物内源激素。

　　植物激素有三种特点:①内生性,是植物细胞正常代谢的产物;②移动性,是由产生的部位转移到作用部位;③调节性,内源激素不是营养物质,对生长发育只起调节作用,且极低的浓度即能发挥极显著的作用。

　　近年来,人们在植物体内又陆续发现了与这些激素有相似作用的其他一些物质,如油菜素内酯、三十烷醇、茉莉酸、茉莉酸甲酯、水杨酸等。

1. 生长素

　　生长素的化学名称为吲哚乙酸,是含氮有机酸,在植物体内普遍存在,简称IAA。除IAA外,还在大麦、番茄、烟草及玉米等植物中先后发现苯乙

---

　　① 贾鹏禹.植物激素与品质高效检测方法的建立及其在大豆中的应用[D].大庆:黑龙江八一农垦大学,2021:12−16.

酸(PAA)、4-氯-吲哚乙酸(4-Cl-IAA)、吲哚丁酸(IBA)等天然化合物,它们具有类似于生长素的生理活性。

(1)生长素的性质及特点。生长素难溶于水,但易溶于酒精等有机溶剂,使用时可先溶于少量酒精中,再配成所需浓度的水溶液。生长素在植物体内易被吲哚乙酸氧化酶氧化破坏,生产上一般不用吲哚乙酸,而用人工合成的类似生长素的植物生长调节剂,如吲哚丁酸、萘乙酸等,或能溶于水而性质不变的盐,如生产上经常使用的萘乙酸钠盐等。

植物体内的生长素主要合成部位是顶芽和幼叶,幼胚和胚乳细胞等分裂、生长旺盛的部位也能合成生长素。植物细嫩器官都分布有较多的生长素。色氨酸由吲哚和丝氨酸合成,锌参与色氨酸的合成,所以缺锌易缺生长素。

生长素在植物体内的运输移动速度很慢,在根和茎中约 1cm/h。茎顶端产生的生长素主要从形态上端向下运输,直到根端,而不能倒转过来,称极性运输,其他激素无此特点。生长素的极性运输需要消耗代谢能量,可以逆浓度梯度进行,是主动运输,主要运输途径与有机物一样为韧皮部。有些部位产生的生长素不表现极性运输,如根尖、叶片、种子中产生的生长素可向顶端运输,一般是通过被动的扩散作用,占比例很少。非极性运输可通过韧皮部和木质部运输。

生长素在植物体内有两种存在状态,即自由型生长素和束缚型生长素。自由型生长素呈游离状态,有生理活性;束缚型生长素通过与某些物质,如糖、氨基酸、蛋白质等结合形成络合物,便失去生理活性。在植物休眠时,或植物体内生长素量过多时,生长素常以束缚型形式贮存或存在。当生长需要时,束缚型生长素通过酶水解释放出有活性的 IAA 发挥作用。

(2)生长素的主要生理作用。

一是促进细胞的生长和分裂。因生长素能促进细胞壁纤维素松弛,并能促进细胞吸水以及核酸和蛋白质的合成,是细胞生长期不可或缺的物质。

生长素促进生长有一明显特点,即低浓度促进生长,高浓度抑制生长。不同植物、不同器官对生长素的敏感程度也不同,双子叶植物比单子叶植物敏感,根比茎、叶敏感。植物的顶端优势、向性生长运动等都与生长素促进器官、组织生长有关。

二是促进器官和组织分化。生长素可刺激插条基部切口处细胞脱分化形成愈伤组织,诱导根原基的形成,促进插条基部不定根的形成;组织培养时,生长素与细胞分裂素比值高时,有利于诱导根的分化;低浓度 IAA 促进韧皮部分化,高浓度 IAA 促进木质部分化。

此外,用生长素处理子房,可诱导形成单性结实。生长素也可影响植物的性别分化,促进植物多开雌花,主要是因为生长素能诱导乙烯的产生。

生长素在促进菠萝开花方面效果明显。定植二年的菠萝植株开花率为25%,开花参差不齐,不利于管理,而当菠萝植株营养生长到 14 个月以上时,用 5~10mg/L 奈乙酸处理后,2 个月后就能 100%开花。

生产上,生长素类物质主要用于促进扦插、移栽生根、组培诱导根分化、花期、果期提高坐果率、抑制花果脱落等方面。

2. 赤霉素

(1)赤霉素的性质和特点。纯的赤霉素为白色结晶粉末,在酸性及中性溶液中稳定,对碱不稳定;在碱性及高温下能分解成无生理活性的物质,在低温干燥条件下能长期保存,但配成溶液后容易变质失效。赤霉素能溶于醇类(如酒精)、丙酮、醋酸乙酯等有机溶剂中,但难溶于水。

赤霉素较多地存在于细嫩而生长旺盛的器官和组织中,茎尖、根尖、幼胚是合成赤霉素的主要部位。赤霉素在植物体内也有两种存在状态,即自由型赤霉素和束缚型赤霉素。自由型赤霉素有生理活性。

(2)赤霉素的主要生理作用。

一是促进茎、叶生长,打破矮化性状。赤霉素最明显的生理效应是显著的促进整株茎、叶的生长,但对根及离体茎切段、叶的生长没有明显促进作用,促进茎生长时不改变节间的数目。同时,赤霉素能打破植株的矮化性状,如矮化品种四季豆和玉米喷赤霉素后在形态上可达到正常植株的高度,因为这些植物缺乏合成赤霉素的基因。生产上,常用赤霉素促进芹菜、韭菜、莴苣等叶蔬菜;苎麻等纤维类;牧草、茶等植物的营养生长。

二是打破休眠、促进萌发。赤霉素可破除各种形式的休眠,促进种子、芽的萌发。如采收后的马铃薯块茎自然休眠期为 50 多天,这段时间内即使给予适当的温度也不会萌发,但用赤霉素溶液浸泡马铃薯种薯半小时,晾干后播种即可萌发。设施栽种葡萄时,可用一定浓度的赤霉素溶液涂抹芽眼,便可促芽萌发,进行促成栽培;休眠的大麦种子用赤霉素处理,播种即可萌发。因赤霉素能抵消这些器官中脱落酸的含量,并诱导种子糊粉层细胞中淀粉酶的合成,催化贮藏物质的降解。在啤酒制造业中,可用赤霉素处理大麦种子,诱导产生淀粉酶,从而加速糖的生成,改变传统方法中通过萌芽产生淀粉酶的方式,降低原料的消耗,同时也节省时间。

三是促进开花、坐果,控制性别分化,诱导无粒果实。某些植物开花需要适宜光周期和低温春化诱导,否则不能正常开花,而赤霉素可代替光照和低温诱导这些植物开花,且效果明显。

赤霉素能控制性别分化,主要是促进雄花的比例。赤霉素对不定根的形成起抑制作用,这与生长素也不同。赤霉素能诱导葡萄、草莓、番茄等单性结实,即形成无籽果实。

此外,赤霉素由于可提高植物体内 IAA 含量,花、果期间喷施可提高坐果率。在延缓叶片衰老、防止器官脱落等方面,赤霉素也有明显的作用。

3. 细胞分裂素

(1)细胞分裂素的性质和特点。激动素是一种只存在于动物中的细胞分裂素。人工合成的纯品为白色固体,不溶于水,可溶于强酸、碱及冰醋酸中;人工合成的细胞分裂素,纯品为白色结晶,工业品为白色或浅黄色,无臭,在酸、碱中稳定,光、热不易分解,在水中溶解度小,在乙醇、酸中溶解度较大。生产上主要用这两种制品。

根尖及生长中的种子和果实细胞内的微体是合成细胞分裂素的主要场所。植物中的细胞分裂素主要在根尖合成,通过木质部运转到地上部分,因此伤流液中细胞分裂素较多。细胞分裂素经过木质部可向上运输到进行细胞分裂的部位,如茎尖、根尖、幼叶和幼果等处促进细胞分裂。

细胞分裂素可与葡萄糖、氨基酸、核糖或木糖等形成结合物,可作为其贮存形式,也可消除体内过量的活性细胞分裂素。

(2)细胞分裂素的主要生理作用。

一是促进细胞的分裂和横向扩大。将胡萝卜根的韧皮部薄壁细胞放在其他物质皆备而没有细胞分裂素的培养基中,细胞很少分裂,加入细胞分裂素后,细胞分裂立即加快,愈伤组织表现增大。细胞分裂素能减弱由生长素引起的生长而使细胞横向扩大,所以可在叶用蔬菜、茶叶等作物上施用,与肥料配合,增加产量。

二是调控组织和器官分化。

此外,细胞分裂素还可以消除由生长素引起的顶端优势,具有促进腋芽萌发,延长果蔬贮藏时间,促进雌花分化,刺激块茎的形成,促进气孔的开放等作用。

4. 脱落酸

脱落酸又名休眠素,是由 15 个碳原子组成的倍半萜类植物激素。脱落酸有两种旋光异构体,天然脱落酸是右旋的,用(S)-ABA 表示;左旋 ABA

用(R)-ABA 表示，无生物活性。人工合成的脱落酸中，(S)-ABA 和(R)-ABA 几乎各占一半。

(1)脱落酸的性质和特点。天然脱落酸为白色结晶粉末，易溶于甲醇、乙醇、丙酮、氯仿、乙酸乙酯与三氯甲烷等，难溶于醚、苯等，水溶解度低。脱落酸的稳定性较好，常温下放置两年，有效成分含量基本不变，但应在干燥、阴凉、避光处密封保存。脱落酸水溶液对光敏感，属于强光分解化合物。

植物接近成熟和休眠的器官、组织中，脱落酸含量较多。逆境会诱导细胞内脱落酸的合成，以增强植物对环境的抵抗能力。细胞内合成 ABA 的主要部位是质体。

脱落酸可通过前体物质甲羟戊酸又称甲瓦龙酸(MVA)合成，或通过叶黄素降解获得，成本很高，难以应用于农业生产，但现可通过葡萄灰孢菌发酵大规模生产。

(2)脱落酸的主要生理作用。脱落酸是植物体内最重要的生长抑制剂，能抑制植物体内各种代谢反应。其作用与赤霉素基本相反，也拮抗生长素和细胞分裂素。

脱落酸是在研究棉花幼铃脱落和槭树休眠时发现的。

内源脱落酸能促进枝条叶柄、花柄、果柄基部离层的形成，使器官脱落。赤霉素、生长素、细胞分裂素可抵消这种作用，所以生产上一般用赤霉素抑制脱落。外源脱落酸对离体枝条上叶、果脱落效果更加明显。如剪取一棉花枝条，留叶柄剪去叶片，将含脱落酸的棉花果实提取液涂抹于枝条一至数个叶柄剪口上，另选枝条上一至数个剪口只涂抹水做对照。4 天后，提取液涂抹的叶柄一用力就落，而涂水的不落。此效应十分明显，已被用于脱落酸的生物检定。秋季成熟的种子和落叶后树木上芽的外源 ABA 对莴苣种子萌发的抑制效应休眠都与它们中脱落酸的含量升高有关。秋季的短日照作为植物即将进入恶劣环境的信号能诱导这些器官形成脱落酸抑制其萌发，促进休眠。从进入休眠到来年春季这一段时间里，休眠芽和种子中的脱落酸由于转化而减少，生长素和赤霉素含量逐渐升高，芽才具备萌发能力。马铃薯块茎需经过 50 天左右自然休眠才能萌发，也与脱落酸含量从高到低逐渐转化消失有关，赤霉素可打破脱落酸导致的休眠。外源 ABA 对莴苣种子、马铃薯块茎等萌发具有抑制效应。

(3)增强植物抗逆性。脱落酸也称"抗逆激素""应激激素"。植物进入任何一种不适应生长发育的恶劣逆境，都会产生脱落酸，通过抑制自身代谢进入休眠来度过逆境。如极度干旱或干热风环境下，植物体内脱落酸含量会升高,脱落酸可引起气孔关闭、降低蒸腾,这是脱落酸重要的生理效应之一。生产上,脱落酸可作为植物抗蒸腾剂使用。

此外,脱落酸对植物的开花和切花的保鲜也有一定作用,可以拮抗赤霉素对长日照植物开花的效果,使少数短日照植物在不适宜开花的长日照条件下开花,抑制月季等切花的呼吸作用,延长切花寿命。

5. 乙烯

根据乙烯的生理作用,人们又称乙烯为"成熟激素"或"性别激素"。

(1)乙烯的性质及特点。乙烯在常温下是一种无色稍有气味的气体,分子量为 28,密度为 1.25g/L,比空气的密度略小,难溶于水,易溶于四氯化碳等有机溶剂。乙烯在极低浓度时就会对植物产生生理效应。

乙烯的生物合成是由蛋氨酸在供氧充足的条件下转化而成的。蛋氨酸经过蛋氨酸循环的产物之一为 1-氨基环丙烷-1-羧酸(ACC),ACC 则在ACC 氧化酶催化下氧化生成乙烯。

一种能释放乙烯的液体化合物 2-氯乙基膦酸(商品名乙烯利)已广泛应用于果实催熟、棉花采收前脱叶和促进棉铃开裂吐絮、刺激橡胶乳汁分泌、水稻矮化、增加瓜类雌花及促进菠萝开花等生产领域。

(2)乙烯的主要生理作用。

一是促进成熟。乙烯可使细胞膜的透性增加,呼吸升高,这也是果实成熟前的一些生理变化,因此,乙烯能促进果实成熟。将不熟的果实中放进几个熟透的果实,再放进密闭容器中,不熟的果实很快就会成熟,就是因为成熟果实放出的乙烯具有催熟作用。

二是促进开花和雌花分化。乙烯可促进菠萝和其他一些植物开花。弱树和受伤的植株因为容易产生乙烯,所以这些树容易成花。

此外,乙烯因能增加细胞膜的透性,所以能促进植物体内次生物质的排出。在橡胶树生产中,利用乙烯利涂抹切口部位,可大大提高橡胶产量。

(二)植物生长调节剂

植物内源激素对植物的调节作用很大,人们希望获取这些激素从而可以根据自己的栽培目的调控植物的生长发育。但内源激素在植物体内含量甚微,提取既烦琐又浪费大量原料。例如,1kg 向日葵鲜叶中玉米素仅约为5~9mg,而 7000~10000 株玉米幼苗顶端只有 1mg 生长素,而且提取出来的内源激素极易被氧化、失去效用。因此,生产上用的一般是一些人工合成的具有植物激素活性的有机化合物,称植物生长调节剂。它在提高作物产量、增强抗逆性、减轻工作量等方面发挥着不可替代的作用,生产上统称其为化学调控。

1. 促进剂

(1)生长素类。生长素类的调节剂主要可以促进插枝生根、防止器官脱落、促进结实、促进菠萝开花、促进黄瓜雌花发育等。

(2)赤霉素类。科研和生产上使用最多的赤霉素是从赤霉菌分泌物中提取的 GA3,其作用与内源激素一致。

(3)细胞分裂素类。常用的人工合成的 CTK 类物质主要有两种:一是激动素类(KT);二是 6-苄氨基嘌呤(6-BA)。这两种物质均不溶于水,易溶于强酸、强碱,主要用于组织培养、花卉及果蔬保鲜。

2. 抑制剂

(1)三碘苯甲酸。三碘苯甲酸可以阻止生长素运输,抑制顶端分生组织细胞分裂,使植物矮化,消除顶端优势,增加分枝。

(2)整形素。整形素能抑制顶端分生组织细胞分裂和生长、茎生长和腋芽滋生,使植株矮化成灌木状,常用来塑造木本盆景。整形素还能消除植物的向地性和向光性。

(3)青鲜素。青鲜素可用于控制烟草侧芽生长,抑制鳞茎和块茎在贮藏中发芽。

3. 延缓剂

(1)多效唑。多效唑具有延缓植物生长,抑制茎秆生长、缩短节间、促进植物分蘖、促进花芽分化、增加植物抗逆性能、提高产量等效果。

(2)烯效唑。稀效唑具有控制营养生长,抑制细胞生长、缩短节间、矮化植株,促进侧芽生长和花芽形成,增进抗逆性等作用。

(3)矮壮素。矮壮素可控制植株的徒长,促进生殖生长;使植株节间缩短而矮壮,根系发达,抗倒伏;使叶色加深、叶片增厚、叶绿素含量增多、光合作用增强;提高植物的抗逆性。

二、植物的生长生理

(一)植物营养生长生理

植物根、茎、叶的生长称营养生长,其生长规律及与环境之间存在的关系,称植物的营养生长生理。

1.植物的休眠与萌发

(1)植物的休眠。

休眠是指植物整体或某一部分在某一时期内生长和代谢暂时停滞的现象。在休眠阶段,植物形态上不再生长,内部只维持生命的基本代谢活动,但不是生命已停止。

植物休眠的器官或部位多种多样,一年生植物大多以种子为休眠器官;多年生落叶树木看起来冬季整体休眠,其实主要是以休眠芽及形成层等部位过冬;而多数二年生或多年生草本植物是以种子、鳞茎、球茎、块根、块茎等为休眠器官。

植物的休眠具有积极且重要的生物学意义。一方面,休眠可帮助植物度过不良的生活环境,如冬季的低温,炎夏的高温、干旱;另一方面,对植物来说可延续物种,避免灭绝。如泥炭土层中发现的千年古莲子,发芽率可达90%以上,正是通过莲子长期的休眠,使古莲物种得以延续。

植物休眠的原因及解除休眠的方法具体如下:

芽休眠,芽是很多植物的休眠器官。芽休眠虽是植物度过严寒的方式,但低温本身并不能直接导致休眠发生。相反,实验证明只有满足植物一定的低温量,才能打破休眠。北方冬季植物的芽休眠,主要原因是由短日照诱导叶片产生的脱落酸运输到芽引起的。严冬到来之前,秋季越来越短的日照诱导叶内产生脱落酸运输于芽内并积累,脱落酸能抑制代谢、抑制萌发、促进叶片脱落,使芽和树木及时进入休眠状态。一定时间的 0℃ 以上的低温可降低脱落酸含量打破芽休眠。赤霉素和碱性物质也能抵消脱落酸的含量,如用一定浓度的赤霉素和石灰氮处理休眠的马铃薯块茎和葡萄枝芽等,可使马铃薯块茎和葡萄破除生理休眠,进入萌芽、生长状态。

种被(包括种皮和果皮)的限制。有的种子胚外的种皮或果皮厚而致密,不透水、气,内部的二氧化碳难以排出,外界的水分和氧气也难以进入,抵制胚呼吸,也给胚根、胚芽穿出种被造成较大的机械阻力,所以种子处于休眠状态。可通过水泡、机械破除的方法解除种子的休眠,也可用酸、碱适当浸泡,对种被进行腐蚀破坏,充分冲洗后播种可促进萌发。

胚休眠。胚休眠的原因也有两种情况:一是胚形态尚未长成,例如人参、白蜡树、银杏的种子,胚的发育较周围组织慢,采收时种子体积、质量虽已达成熟标准,但内部胚尚未长成。采收后需给予适当的温度、湿度等环境条件,使胚继续汲取胚乳中养料生长,才能达到能萌发的形态。二是胚形态已长成,但生理上尚未发育成熟。这类种子采收后须经过一段时间的内部生理、生化变化,达到生理成熟才能萌发,这一过程称种子的后熟作用。

后熟作用的条件与自然状况下完成后熟的条件应相当,一般为 0℃ 以上低温和较高的湿度。北方落叶树木种子秋季采收后,一般通过层积处理完成后熟作用。例如苹果、梨、樱桃等砧木的种子若春季播种,需在播种前进行层积处理,将用水充分浸泡后的种子分层埋在湿沙中(或与湿沙按 1∶5 左右比例混合),置于低温环境,经 2～3 个月的时间就能有效地解除休眠。层积处理后的种子膜透性加大,呼吸、吸水等代谢升高,脱落酸含量下降,赤霉素和细胞分裂素增加。

有些植物的种子水浸泡不能萌发是由于果实或种子内有抑制萌发物质的存在。抑制萌发的物质包括植物碱、有机酸、酚、醛等,存在于果汁里或种子的种皮、胚乳、子叶中。可用水浸泡、冲洗的方法去除抑制萌发物质,破除种子的休眠。

(2)种子萌发。

解除休眠后的种子吸水后,在适宜条件下,种胚从萌动到逐渐形成幼苗的过程称种子的萌发。胚根突破种被是种子已萌发的标志。种子萌发的过程主要可分为三个阶段:①种子吸胀作用吸水阶段;②种子内部物质和能量的转化阶段;③胚根突破种被阶段。

生命力强、大而籽粒饱满是种子健壮萌发形成壮苗的内在因素,此外还需适宜的环境条件,即充足的水分、适宜的温度、足够的氧气及适度的光照等条件。

种子要萌发,首先应吸足水分。同一植物种子的吸水量是一定的,不同植物种子因含成分不同吸水量不同。一般来说,蛋白质种子需的水量最高,高达 100% 以上,淀粉种子的需水量次之,脂肪种子因脂肪的疏水性吸水量少,但因脂肪种子一般同时含蛋白质较多,所以其吸水量主要是其中的蛋白质分子的吸水量。种子播种时,如果吸水不足,则会延长萌发时间,降低出苗率,严重不足时虽会进行萌动但达不到出苗程度,种子便会腐烂在土壤中,即"动而不发"。因此,播种前一定要保证土壤具有一定的含水量。播种时土壤的灌水量也不能过多,雨天要注意防涝,以防种子无氧呼吸烂种。

温度是制约种子萌发的主要环境因素之一。因种子萌发是一系列生化反应的过程,需要酶的催化。酶活性与温度高低关系密切。

种子萌发过程是胚活跃生长的生命活动过程,需要较强的有氧呼吸供给其能量,所以需足够的氧气。多数作物种子氧浓度低于 5% 时,便不能萌发,需土壤含氧量在 10％以上才能正常萌发。种子成分不同,需氧量不同,脂肪比淀粉含更多的氢,氧化分解时需更多的氧气,放出的能量也多。所以含脂肪较多的种子比淀粉种子要浅一些播种,但浅播易缺水。为解决气、水之间的矛盾,油料作物的种子,如花生、大豆、棉花、核桃等,可进行起垄播种,干旱时,可于垄沟灌溉。

多数植物种子萌发不受有无光照的影响,只要水、温、氧气适宜就能萌发,这类种子称中光种子,如小麦、玉米、水稻、大豆、棉花等;有些植物如莴苣、苜蓿、烟草、紫苏、胡萝卜等的种子,光照条件下萌发良好,黑暗中不萌发或萌发不良,这类种子称为需光种子;而有些植物如茄子、番茄、苋菜、瓜类、葱、韭菜、苋菜等的种子则在光照下萌发不好,在黑暗中反而萌发较好,称为厌光种子。需光种子和厌光种子这种现象与种子中含有的光敏素有关,光敏素将在以后课程内容中讲到。

综上所述,作物播种要苗齐、苗壮,首先要有生命力强、饱满健全的种子,在此基础上还要具备种子萌发适宜的环境条件,即充足的水分和氧气、适宜的温度和光照条件。生产上要做到适期播种,播种的土壤要符合以上条件,并注意播种深度和播种方法,达到全苗、壮苗。

2. 植物营养生长特性

(1)植物生长的区域性。植物生长区域是指细胞分裂和细胞不断生长、增大的部位。植物的整体生长并不是所有构成植物的细胞都在分裂生长,而是具有一定的区域性。

一是植物的顶端初生生长。顶端生长包括茎尖和根尖的生长。茎尖和根尖分生区、生长区的细胞不断横向分裂、纵向生长、分化形成植物的初生构造,使植物茎升高,根深扎入土壤。顶端生长在植物生命周期中具有无限生长的特性,只要顶端处于营养生长期,在环境条件适宜的情况下,可不断分化产生叶片、腋芽、茎节或侧根。

植物的顶端生长具有顶端生长优势,可抑制其下部侧芽、侧根的生长。顶端优势有利于植物的营养生长,不利用植物的生殖生长。生产上可通过摘去茎顶端、断根措施促进茎、根侧部的生长发育,有利于植物生殖生长和根系发达。茎顶端如果分化形成顶花芽,便失去继续生长的能力,称"花封枝",如苹果、梨的短、中果枝易形成顶花芽,让其结果可控制旺长树势。

二是植物的周侧部次生生长。被子植物中的双子叶植物和裸子植物,其根、茎在顶端生长的基础上,初生木质部以外的薄壁细胞恢复分裂能力,在茎、根的周侧形成维管形成层和木栓形成层,不断纵向分裂、增大、分化,形成植物的次生构造,使茎、根无限加粗生长。被子植物中的单子叶植物无形成层和木栓形成层,所以不能进行无限加粗生长。

三是其他生长区域。除顶端和侧部生长外,植物其他部位还分布着一些生长区域。如禾本科植物节间基部的居间生长区域,葱、韭等叶基部生长区域,使叶持续生长;花生开花受精后,果柄部位生长,连同上端微膨大的果实,称果针。果针扎入土壤生长;植物修剪、受伤部位的愈合生长,茎段、根段等离体器官扦插后重新形成完整植株的再生生长等。

(2)植物生长的大周期。在植物整株或器官的整个生长周期中,生长速率和生长量(体积、高度、粗度、重量)均表现出"慢—快—慢"的生长节律。即开始时生长缓慢,以后逐渐加快,达到最高点后,生长又减慢以致停止的现象,称为植物生长的大周期。用横坐标表示时间,纵坐标表示生长量,则生长大周期呈 S 形曲线,称植物或器官的生长曲线,其生长速率曲线为——抛物线。

植物整株或器官出现生长大周期,有微观和宏观两方面的原因。从微观方面看,植物或器官初期以细胞分裂为主,主要是细胞数目的增多,体积、质量增加很小,所以呈现"慢"的状态。分裂结束生长开始后,细胞进入生长增大阶段,体积和质量显著增加,生长速率和生长量呈现"快"的节奏。当细胞体积增大到一定程度后便不再生长,细胞进入分化成熟阶段,所以植物或器官生长又逐渐呈现"慢"的状态,最后停止生长;从宏观方面看,初期植株幼小,光合能力低,合成物质少,植株和器官表现为生长缓慢;随叶面积迅速增大,光合作用增强,合成大量有机物,促进植株和器官干重急剧增加,生长加快,当达到最快以后,随植物衰老,光合速率减慢,植物生长也减慢,最后停止生长。

生产上了解植物或器官的生长大周期,具有重要的意义。因为植物生长是不可逆的,必须在植株或器官快速生长期到来之前及时采取肥水等调控措施,否则收效甚微。如果在枝条快速生长期后才施氮肥,那么当年枝条生长晚、长势弱,无充足的时间进行发育,造成以后年份树体衰弱,结果能力降低。此外,掌握同一植物不同器官之间的生长大周期,可灵活调节各器官之间生长和发育的矛盾,如小麦的拔节水浇得太早会使营养生长过旺,抑制生殖生长,生产上一般采取晚浇拔节水加以控制,但拔节水浇得太晚又会影响小麦的穗分化,所以应了解小麦进入快速穗分化的时间,在不影响穗分化的前提下适当晚浇拔节水。

(3)植物生长的相关性。植物各部分之间的生长存在着既相互制约又相互协调的关系,称植物生长的相关性。认识植物生长的相关性规律,在生产中正确利用,采取措施调节各器官的生长发育向优质高产方向转化,如可利用水肥管理、整形修剪、化学调控等技术措施来调控。

一是顶端与侧端生长的相关性——顶端优势。茎、根顶端生长抑制侧芽、侧根生长的现象称顶端优势。植物不同,品种不同,顶端优势的强弱不同。松柏等裸子植物、高大的树木、草本植物中的向日葵、烟草、高粱等顶端优势较强,而果树、小麦、水稻等则较弱,易产生分枝或分蘖。对同一植株上的不同枝条来讲,与地面垂线的夹角越小,枝条生长越旺,其顶端优势也越强,角度相近的枝、芽长势也相似。

顶端优势产生的原因与植物对光的争夺有关。顶端的枝叶可更充分地获得光照进行光合作用,合成有机物营养自己,与植物的向光性原理相同。导致顶端优势产生的直接原因,大多数多萌发中、短枝;茎尖产生生长素,由顶端往下端运输,使侧芽附近的生长素浓度加大,而侧芽对生长素又比顶端敏感,所以侧芽生长被抑制,因此摘去顶芽可促进侧芽萌发。同时生长素能促进细胞的分裂和生长,促使营养物质向其含量高的部位即生长旺盛的部位集中。顶端生长素含量较多,所以产生顶端优势。

二是营养生长和生殖生长的相关性。花、果实、种子生殖器官的健壮生长是建立在良好的根、茎、叶营养器官生长的基础之上,二者存在着必然的因果关系。根吸收水和矿盐,叶能进行光合作用合成有机物,茎能把根吸收的水和矿盐及叶制造的有机物输送到花、果实、种子。因此,生产上前期应促进作物营养生长,才能丰产;而果实种子饱满,才能培育出健壮的苗木,促进下一代的营养生长。二者在这些方面是相互促进、相互依赖的关系。

在营养物质一定的基础上,营养生长和生殖生长又存在着相互制约的关系。如果营养器官生长过旺,则会消耗过多的光合产物和水分、矿养,会抑制生殖器官的产生及生长发育,如使果、菜等园艺作物晚果、结果少、花果脱落重,使小麦、水稻等粮食作物穗少、空瘪粒多、贪青晚熟。生殖生长同样会抑制营养生长,花果过多消耗营养过量,会抑制根、茎、叶和多年生果树茎上芽的生长发育,使植物的生长衰弱,果品、种子等质量下降,果树出现产量一年高、一年低的"大小年"现象。

因此,生产上要积极采取相应的栽培技术措施,调整好二者之间的关系,在作物进行健壮营养生长的前提下,适当控制产量,保证作物稳产、优产。如营养生长过旺,可通过拉枝、摘心、扭梢、喷抑制生长的植物生长调节剂,控水、氮肥,施磷、钾肥等方法对营养生长进行控制;若花果过多,则可通过疏花、疏果措施,保证一定的叶果比。

(4)植物生长的独立性。植物的某些部位或离体部分,生长与分化具有其独特的形态和生理特点,称植物生长的独立性。植物的极性和再生作用是植物生长独立性的表现。

一是极性。极性是指植物或植物的一部分,其形态学两端在形态结构和生理特性方面有差异的现象。形态学的两端指不以位置改变而变化的两端,如一株植物的形态学上端是茎、叶,下端是根系。一段茎扦插时,形态学的上端一定是萌芽、展叶,而下端则是生根,即使把上端插入土壤,下端暴露于地上,形态学上端也会萌出茎、叶从土壤伸出地面,空气中的下端会生出不定根扎入土壤中,而绝不会相反。植物的极性自植物的第一个细胞受精卵就已存在,由它分裂所产生的所有细胞、组织、器官都存在极性问题,极性也是植物组织和器官分化的基础。

极性产生的原因至今还不是很清楚,多数人认为源于细胞、植物部分形态学两端存在的生长素不均匀造成的,上端浓度有利于芽、叶形成,下端浓度有利于根的形成。而且芽端能合成生长素向根端运输,促进根的产生。如绿枝扦插时,顶端留一至二片嫩叶和嫩芽,可促进绿枝基部生根,提高枝的成活率。生产上应注意极性这一现象,如进行扦插时,极性不要颠倒,只有顺插才容易成活,形成合格的苗木。特别是嫁接时,应把茎、芽的形态学下端插接在砧木上,否则无法成活。

二是再生作用。再生作用是指与植株分离的部分(又称外植体),具有恢复其余部分,重新长成一个完整植株的能力。无论离体部分是器官、组织,还是小到只有一个细胞,只要条件适合,都有长成完整植株的能力。

实际生产中,植物的再生作用广泛应用于植物的无性繁殖中,如植物的扦插、压条、嫁接、组织培养育苗等。

(二)植物的成熟与衰落生理

1. 植物的成熟生理

果实、种子的生长发育状况不仅严重影响下一代的生长发育,同时也决定作物产量的高低和品质的好坏。植株其他器官也要经过成熟、衰老和脱落这一过程,且这些过程是相互影响的。因此掌握植物器官的成熟、衰老生理,对采取措施预防、调控植物成熟和衰老进程,提高果实、种子的产量品质,具有重要的理论和实践意义。

(1)种子成熟生理。种子成熟过程,实质上是营养物质在种子中的转化和积累的过程。同化物质以蔗糖、氨基酸、酰胺等可溶性的小分子化合物运输到种子中,合成如淀粉、蛋白质、脂肪等高分子有机物使胚长大,并在胚乳和子叶中贮藏和积累。同时,种子的呼吸作用、含水量和内源激素也发生着相应的变化。

种子中有机物的合成是一个脱水过程,随着同化产物在种子细胞(主要是子叶和胚乳细胞)内的累积,种子的含水量降低,除胚细胞外,大部分细胞被贮藏物质充满。而种子成熟时,幼胚细胞具有浓厚的原生质几乎无液泡,自由水含量极少,原生质处在凝胶状态,所以种子的呼吸速率随成熟度的升高而降低。最后种子成熟,生命活动逐渐转入休眠状态,呼吸达到最低水平。

种子的干重增加,种子成熟时,物质的转化与种子萌发时物质转化基本相反。叶片制造的光合产物主要以小分子可溶性糖的形式溶于水中运输到籽粒中去(灌浆)合成淀粉和脂肪;氨基酸和酰胺也从其他部位运输到籽粒中形成蛋白质。种子内大分子有机物的积累使种子的干重不断增加。种子不同,所含有机物的种类和来源也有差别。

淀粉种子如小麦、水稻、玉米等禾谷类作物的种子以贮藏淀粉为主,通常称为淀粉种子,种子中的淀粉来源于可溶性糖。脂肪种子如花生、芝麻、油菜、大豆等种子含油脂较多,称为脂肪种子,其中的脂肪来源于碳水化合物。这类种子初期积累碳水化合物,包括可溶性糖及淀粉。伴随种子重量的增加和成熟,可溶性糖及淀粉转化成脂肪,转化时先形成游离脂肪酸再形成不饱和脂肪酸,然后合成不饱和脂肪(油)。蛋白质种子如豌豆、大豆等豆科植物的种子贮藏大量蛋白质,称为蛋白质种子,其中的蛋白质是由运输到种子中的氨基酸或酰胺合成的。种子发育过程中,从叶片运来的氨基酸和酰胺等小分子可溶性含氮有机物先运至荚果的豆荚(果皮)中,当种子快速发育时,又分解成酰胺,运入种子中形成氨基酸,最后再形成胚和贮藏在子叶中的蛋白质。贮藏蛋白基本没有生理活性,主要为种子萌发时胚的生长提供氮素营养。

在种子成熟期间,天气晴朗、空气较干燥、土壤水分充足等条件,有利于种子中营养物质的积累,也有利于种子成熟后的脱水。如果阴雨连绵,空气潮湿,蒸腾很弱,则将推迟种子成熟。气候干旱,使植物水分亏缺,光合作用和有机物质的运输都会受到抑制,种子提早干缩,成熟期提前,但好粒空秕、瘦小,导致产量降低。

温度对成熟期和产量也有很大影响。高温使籽粒积累同化物的能力过早减弱或停止,因此在高温下,灌浆延续时间缩短,成熟加速,粒重降低。晚稻成熟期间一般温度较低,因此成熟速度变慢,接受同化物质输入的时间较长,营养物质积累比较充分、产量高、品质好,但温度过低也会推迟种子成熟,从而降低结实率和千粒重。

外界条件对种子成熟时化学成分也有影响,从开花到成熟期间的雨量多少,对淀粉种子的化学成分有重要影响。干旱地区种子积累淀粉比湿润地区要少,但蛋白质积累相对较多所以,我国北方小麦蛋白质含量比南方高。

矿质营养对种子化学成分也有一定的影响。例如,氮素多,可提高蛋白质含量;油料种子则降低含油率;磷、钾有利于糖和油脂的积累。

(2)果实成熟生理。果实的生长从受精到完全长成,是由果实细胞分裂、增大和同化产物积累使果实不断增大和增重的过程。果实生长停止后,会发生一系列生理生化变化,包括色、香、味的形成和硬度变化,达到可食状态,这个过程即果实的成熟过程。

果实的生长包括细胞的分裂和细胞的扩大。一个果实成熟时的大小和质量由组成果实的细胞数目、细胞体积、细胞密度和细胞间隙四个要素组成,其中以前两个要素为主。

果实的生长过程与植株的生长大周期一样,生长速率表现为"慢—快—慢"的节奏,呈明显的 S 形曲线。双 S 形果实的生长表现出"慢—快、慢、快—慢"的节律,即在快速期中出现一个慢生长阶段,一般是由于果皮和内部较大或较多的种子或果核生长发育不一致导致的。开始快速生长期是由于子房、珠心和珠被的迅速生长引起的,中间缓慢生长期是果实内部胚和胚乳生长分化、内果皮木质化、果核变硬等过程,使果实从表面上看体积和质量增加缓慢。等这些过程结束后,子房生长又加快,在果实成熟前一个月左右到达高峰,接近果实成熟时逐渐变缓,最后停止生长,所以出现两个速生期。

梨、苹果、桃、香蕉、番茄等果实,在成熟过程中会出现明显的呼吸高峰,呼吸速率可增加若干倍,这类果实称为呼吸跃变型果实;而黄瓜、樱桃、草莓、柑橘、葡萄等果实在成熟期间没有明显的呼吸跃变,为呼吸非跃变型果实。呼吸跃变与果实成熟过程中乙烯的产生和积累有关,跃变型果实中乙烯量较多,当达到一定浓度时,便会产生呼吸跃变;而非跃变型果实在成熟期间乙烯含量变化不大。

色泽变化果实发育过程中,果皮初因为含有较多的叶绿素而大多呈绿色。在果实成熟的过程中,因类胡萝卜素较叶绿素稳定,叶绿素首先分解,因此有些果实在秋季呈现黄色;而有些果实的液泡中积累了较多的花青素糖苷,由于 pH 的不同,花青素可呈现出红、紫、蓝等多种颜色。光照充足,气候凉爽,昼夜温差大可促进花青素的合成,提高果实的着色度。

大部分果实初期积累不溶性的淀粉、有机酸等物质,在成熟过程中,可逐渐转化为可溶性的蔗糖、葡萄糖、果糖等并贮存在细胞液中,使果实变甜。

未成熟果实细胞液中因含有较多的有机酸,呈现酸味。随着果实的成熟,有机酸可转化为糖或被呼吸消耗掉,还有一部分被细胞中的阳离子中和生成相应的盐,因此果实酸味明显降低。

有些果实未成熟时细胞中含有单宁等酚类物质,能使口腔表面蛋白质发生凝聚,呈涩感,如柿子、李子等。

果实成熟过程中会产生一些具香味的挥发性物质,果实不同,挥发性香味物质不同,使不同种或不同品种果实产生各种特有的香味。

果实正常成熟过程受基因表达控制,也受环境条件的影响。

温度主要影响有机物的运输和转化。温度过高,则呼吸消耗大,积累同化物少,籽粒不饱满,而且高温下,灌浆持续时间短,果实提前成熟,也使粒重降低。因此晚稻成熟期间温度适度偏低,成熟速度虽变慢,但接受同化物质输入的时间较长,营养物质积累比较充分,产量高,品质好。

矿质营养也影响种子的成熟。生育期氮肥过多,贪青晚熟,种子成熟晚;磷、钾、硼肥可促进有机物向块根、块茎运输,增加产量,促进成熟。

水分多,运输到种子内的可溶性糖有利于种子内淀粉的形成,籽粒饱满;水分少或干热风天气,会严重影响可溶性糖合成淀粉,但对氨基酸合成蛋白质影响不大,如小麦在土壤湿度低的情况下,其籽粒中的淀粉含量相对较低,而蛋白质含量却相对较高。

2.植物的衰老和脱落生理

植物及其组织、器官经过生长、发育,最后都要过渡到衰老阶段,直至脱落死亡。

(1)植物衰老脱落的调控。

植物的正常衰老是由遗传基因控制的有序过程。在这一过程中,其内部发生一系列与衰老有关的复杂生理变化。

膜功能逐渐丧失、衰老时构成细胞的生物膜会逐渐失去弹性,老化降解,由正常的液晶态衰老为凝胶相、混合相等;选择透性功能逐渐丧失,内容物发生渗漏,使植物体内各种代谢紊乱。合成过程变缓,降解过程加剧生长速度下降;叶绿素降解,光合速率降低;呼吸速率开始较平稳,但随后会出现呼吸跃变,最后迅速下降;核酸总含量下降;蛋白质分解大于合成。大部分有机物和矿质元素从衰老部位向外撤退,转运到其他部位被再度利用。

总之,植物的衰老是在基因控制下,细胞结构整体有序的解体和降解过程,生命迹象也渐趋衰弱直至脱落或死亡。在这一过程中,有些可再利用的矿质元素和有机物质会逐渐向生殖器官或有贮藏繁殖功能的营养器官转移,以利于未衰老器官的循环利用及后代的繁殖。

营养竞争一至二年生或一生中只开一次花的一些植物(如竹)在开花结实后,通常导致营养体衰老、死亡。由于生殖器官是竞争力很强的库,大量养分从营养器官运入生殖器官,致使营养器官衰老。若摘除花果,则可延迟叶片和整个植株的衰老。

低温和高温都会加速叶片衰老,高温下根系合成 CTK 减少,促进衰老。水分胁迫诱导 ABA 和 ETH 形成,会加速叶绿体结构解体,使光合作用下降,呼吸速率上升,加速物质分解,促进衰老。

营养合理施肥能满足植物生长发育所必需的大量和微量元素。植株生长健壮,器官寿命长,抑制衰老。同化产物不足,特别是糖类缺乏,营养生长和生殖生长对养分竞争,会造成一方营养亏缺,植株和器官会加速衰老。

(2)器官的脱落与调控生理。

根据引起脱落的原因,器官脱落可分为两类:即正常脱落和异常脱落。

由自然成熟、衰老引起的脱落,称为正常脱落。植物各部分的正常脱落,有时是完成其生理功能后的必然发育过程,有时是植物对不良环境的适应方式。

异常脱落是指植物器官或各组成部分未完成其生长发育过程及担负的生理功能、中途脱落的现象。

器官在即将脱落时首先转入生理上不活跃的状态,随后大多植物在脱落发生的部位形成离区。离区一般是指叶柄、花柄、果柄及某些枝条的基部的一段区域。离区细胞一部分随脱落部分一起与植物体分离死亡,称离层,还有留在断裂面的一部分细胞,细胞壁木栓化和其他部位的木栓层连接形成保护层。离层细胞可感受某些信号而促进纤维素酶、果胶酶等水解酶的产生和活性升高,使细胞壁降解,在重力或风、雨等外力作用下,维管束从离层断开,器官与母体脱离。

水分植物在干旱时,ABA 和 ETH 含量大大增加,IAA 和 CTK 活性降低,导致器官脱落。

温度低温和高温能导致生物膜相变,加速植物的衰老、脱落。在田间条件下,高温常导致干旱而加速衰老脱落;霜冻常引起茎、叶细胞死亡脱落。

氧气高氧会促进脱落,氧气浓度在 10%～30% 范围内,会增加脱落率,因高氧促进 ETH 合成而诱发脱落。高氧还会抑制光合作用,加大植物的呼吸和光呼吸,导致植物营养亏缺脱落。

此外,大气污染、盐害、紫外线辐射、病虫害等逆境都会促进器官的脱落。

生产上落花、落幼果现象比较普遍,主要原因有两个方面:

一方面,促进花果生长的生长素不足。生长素不足的原因比较复杂,但主要是因为没有充分授粉和受精。如花粉粒败育或发育不良、缺乏授粉植株、授粉时遇雨或大风天气、早春开花植物花器官受冻等,都可导致授粉和受精受阻,不能产生生长素或生长素不足,导致落花和花后半个月早期落果。采收前一段时间作物也有落果现象,特别是果树的一些早、中熟品种,主要原因是果实中生长素含量下降,而乙烯、脱落酸含量升高所致。生产上可通过合理配制授粉树、人工或蜜蜂授粉、喷施萘乙酸或赤霉素等措施提高坐果率,减少花果脱落。

另一方面,营养不足导致花果脱落。营养不足的原因也有两个方面:①肥水不足,叶片光合能力差,光合产物不能满足花果生长所需,造成花果大量脱落;②营养生长和生殖生长对营养的竞争导致。如果营养生长太旺,消耗光合产物过多,花果生长相对缺乏营养物质,也造成生理落果,如苹果的六月落果,主要是这一原因引起的营养失调所致。生产上要及时施肥,特别是大量元素和微量元素配合施用,提高叶片光合速率,充分满足花果对养分的需求,同时通过修剪控制营养生长,促进生殖生长。

从分子生物学方面来看,植物衰老、脱落过程是在各种水解酶的分解作用下直接进行的。酶是蛋白质,须通过 DNA 的转录才能在核糖体中合成这些酶,而转录合成过程是 DNA 中基因的表达过程。因此,衰老脱落是植株发育后期由内部遗传基因控制的有序过程,是植物细胞程序化衰老、死亡的表现。想要更深入地了解这方面的机理,应从植物衰老、脱落的分子生物学方面做进一步的探究。

第二节 植物的成花与生殖生理

一、植物的成花诱导

(一)成花诱导——春化作用

1. 春化作用的概念

起源于温带和寒带地区的植物,生长环境温度一般分三段:0℃以下,0～10℃,10℃以上。0℃以下阶段,处于严寒冬季,植物形态和生理上的变化几乎都处于停滞状态;10℃以上阶段,植物从萌芽到器官脱落,处于形态生长和生理活动都比较活跃的状态;0～10℃阶段,处于秋末冬初和冬末春初的这二段时间内,植物形态上的生长基本停滞,但内部的生理活动却在不断进行,这些生理活动有利于植物的生殖发育。因此,植物在长期的系统发育过程中形成了生殖生长需满足低温和对这段低温时间的要求。某些植物生长发育到一定时期,需要一段时间的低温诱导,才能正常开花结果,低温在植物体内所引起的生理变化,称春化作用。

需要春化作用的植物一般是一些一年生冬性植物或二到多年生草本植物,它们在越冬前长成一定的营养体,并以这种状态越冬,经过低温的诱导,于第二年春天到夏初开花。如果不经过一定天数的低温,就会一直保持营养生长状态不开花或延迟开花,如小麦、油菜、胡萝卜等。温带、寒带多年生木本植物,每年树上的芽或收获的种子也需要一定低温量(需冷量)才能正常萌发、开花,类似于春化现象。

此外,春化阶段还需要糖类、氧气、水分、光照等,例如,将春化的种子浸入氮气或不通气的水中,则不能完成春化;对离体胚进行春化,培养基中缺乏糖,不能通过春化,萌动的种子失水干燥,春化也不能进行,植物春化时含水量应在 40% 以上。由此可以看出,春化作用是一个消耗能量的复杂代谢过程。

春化过程只对开花起诱导作用,低温本身并不能直接导致花原基的出现,许多植物还要在较高温度、长日照诱导的条件下才能进入花芽分化阶段。

2.不同植物的春化作用

(1)感受低温的时期和部位植物不同,其感受低温的时期不完全相同。冬小麦从种子吸胀萌动到幼苗期都可以通过春化;有些植物在种子吸胀萌动及幼苗较小时则不能通过,只有当幼苗长到一定的大小,才能感受低温诱导。如甘蓝幼苗只有长到主茎直径达0.6cm,叶宽5cm以上时,才能完成春化,来年开花结实。

植物感受低温的具体部位主要是茎尖的生长点,如将栽植于温室中的芹菜、甜菜、菊花等植物的茎尖用通有冰水的管子缠绕处理,而叶保持温暖,就能产生春化效果;反之,如叶受低温处理,而茎尖保持温暖,则不能发生春化作用。许多实验表明,凡是存在细胞分裂的植物部位都能感受到低温的春化诱导。

(2)春化素在植物体内传递方式不同,情况比较复杂。有些是通过细胞分裂来传递,如冬小麦、菊花等;有些则可通过嫁接传导出去,如天仙子、矮牵牛、烟草等。冬小麦主要是通过细胞分裂来传递春化素,冬小麦即使适时播种,由于霜冻或寒流会冻死一部分早期完成春化的分蘖,但转到明年春季,存活并已完成春化作用的小麦分蘖会通过细胞分裂产生一批新的分蘖,这些分蘖无须经低温便可成花。

(二)成花诱导——光周期

1.光周期现象

人们知道植物开花具有季节性,在生产实践中,也早已发现南北不同起源的植物互相移植后,出现难以开花的现象,直到1920年,光周期现象才由美国园艺学家发现。把一天24小时中昼与夜的相对长度,称光周期。一年中,由于地球围绕太阳的公转,因此光周期不断发生变化。

光周期引起植物内部所发生的生理变化,可调控植物许多方面的形态形成,如植物成花、种子萌发,芽的休眠,树木落叶,鳞茎、块根的形成,黄化苗去黄等。这种植物对光周期发生反应的现象,称光周期现象。特别是许多植物要求成花前一段时间每天有一定的光照或黑暗的长短才能开花,如果达不到所需要的光周期,很难进行花芽分化。这种植物必须感受一定天数适宜的光周期才能正常成花的现象,称植物成花的光周期现象,是目前研究比较深入的一种光周期现象。

2.光周期诱导的应用

植物并不是在整个营养生长期都需处在适宜的光周期下才能开花,而是只需在开花前有一段时间满足即可,一般为一天至二十几天。这种只要在植物营养生长期满足少量天数的适宜光周期,就能使植物体内发生成花效应的生理变化,称植物成花的光周期诱导,其他时间即使光周期不适合,仍可开花。植物对适宜光周期的诱导比较敏感,有些植物甚至只需一天。

不同生育期的叶片感受光周期诱导的效果不同。壮叶感受光诱导的能力最强,幼叶和老叶感受力较弱。植物开始感受光周期的时期也不同,如苍耳在开始的4~5叶完全展开期,红麻在6~7叶期,水稻在5~7叶期,冬性作物经春化后才能接受光周期诱导。植物启动光周期诱导所需的光强是极微弱的,太阳处于地平线下6°时清晨与傍晚的光强便可达到,此时也是植物每天光周期诱导开始与停止的时间。

(三)成花诱导——植物激素

植物激素参与调节植物生长发育的每一个过程,对植物成花诱导也不例外。

激素与植物开花诱导的关系比较复杂。GA影响成花的效应最大。用低温处理许多莲座状植物时,体内GA含量增加,并且用外源赤霉素处理未春化的莲座状植物时,也同样能促使其开花。此外,赤霉素能代替部分植物(如甘蓝、萝卜、天仙子、胡萝卜等长日植物)所要求的低温和长日照,诱导开花。

GA通过信号转导,诱导与开花有关的基因的表达,从而促进开花过程。但是,此作用只适合长日植物,诱导其花芽分化,而对多数短日植物无效。另外,赤霉素的作用与春化作用完全不同。赤霉素处理莲座状植物时,茎先生长形成营养枝,随后产生花芽。而春化的植物,其花芽的形成与茎的生长几乎同时出现或花芽先于茎生长而出现。因此,认为有可能是低温下产生的春化素在长日条件下转化为赤霉素,进而诱导开花。IAA不仅可抑制短日植物成花,而且还促进一些长日植物成花。

二、植物的花芽分化与性别分化生理

"花芽分化是植物生长发育的重要阶段,是获得优质产品和高产稳产的基础。"[①]植物营养生长到一定阶段,经过适宜条件的成花诱导之后,便具备

---

① 张军莉,苗锦山,张笑笑,等.园艺植物花芽分化的研究进展[J].园艺与种苗,2020,40(1):36—39.

产生成花反应的条件,可进入成花过程,但花的诱导和花器官形成是不同阶段的两个过程。植物芽的生长点经过生理和组织状态的变化,停止叶芽原基各部分的分化进而转化为花原基各部分分化的过程,称植物的花芽分化。其中,芽生长点内进行的由营养生长状态向生殖生长状态转化的一系列生理过程,称花芽的生理分化;从花原基出现到花萼、花冠、雄蕊、雌蕊、性细胞的依次分化形成过程,称为花芽的形态分化。

(一)植物的花芽分化生理

1. 植物花芽分化的生理变化与形态变化

(1)生理变化。花芽分化时,生长锥分生组织细胞呼吸升高,代谢水平增高,有机物发生剧烈转化,可溶性糖含量增加,蛋白质、核酸合成速率加快,所有这些均是为花芽分化作物质和能量的准备。

(2)形态变化。花器官形成的明显标志是茎端分生组织在形态上发生变化,从芽原基(营养生长维)转变成花原基(生殖生长维),花器官的分化即从生殖生长维开始。

苹果、棉花等双子叶植物的花器官分化是从生长维的生长开始,而胡萝卜等的花器分化,生长维不是生长而是呈扁平头状。但无论哪种情况,花器开始分化时,生长维的表面积都变得宽大饱满,然后自基部周围形成若干轮突起并向上部扩展,依次形成花萼、花冠、雄蕊原基。如果是花序,则由花原基先分化形成若干花蕾原基,再由每个花蕾原基依次形成花芽中的花萼、花冠、雄蕊、雌蕊原基。而雄蕊、雌蕊中精、卵性细胞的形成,多是在植物开花之前不久的一段时间内经减数分裂而形成。

2. 影响花芽分化的因素

(1)植物的营养状况。从矿质营养的作用来看,氮素能与光合产物转化为蛋白质,有利于营养生长,所以适当控氮,可抑制营养生长,促进花芽分化;施用磷、钾肥,能促进糖的合成和运输,有利于花芽分化。碳水化合物能促进细胞的发育,从而促进花芽分化,当糖类多于含氮化合物时,植株成花;而成相反的比例时,则不能成花。

(2)植物的内源激素。植物体内 GA、IAA 含量高,抑制花芽分化;若植物体内 GA、IAA 含量低,CTK、ABA 和乙烯水平较高时,植物营养器官一般处于缓慢的生长状态,有利于花芽分化。

(3)环境条件。影响花芽分化的外界条件主要有光照、温度、水分和矿质营养等。光照对植物花芽分化很重要,因为花芽分化需要充足的光合产物。温度低,花芽分化和开花都会受到抑制,花芽分化一般随温度升高而加快。花芽分化期是作物需水临界期,必须满足植物对水分的需求,否则会影响生殖器官的形成。

(4)矿质营养。氮肥有利于营养生长,是生殖生长的基础,但氮肥过多,植物徒长会消耗过多的光合产物而抑制花芽分化;施磷、钾肥,可促进光合产物的转化和运输,促进花芽分化。生产上,氮、磷、钾肥及微量元素应合理搭配施用,保证花芽分化对矿质营养的需求。

(二)植物的性别分化生理

1. 植物性别分化的含义

植物在花芽的分化过程中,同时进行着性别分化。性别分化主要是指花芽分化过程中雄蕊、雌蕊的分化。

2. 植物性别分化的调控

植物的性别分化主要由遗传基因决定。性别基因的表达不仅具有多样性特点,还受环境条件的影响,人为对环境条件进行调控,可以达到控制性别的目的。

(1)营养条件。氮肥有利于雌花形成,钾肥有利于雄花形成。如在无氮的培养液中培养大麻,全部为雄株,增加氮肥量雌株比例便增加;钾肥则可以促进黄瓜多形成雄花而雌花较少。在一些雌雄异株的植物中,C/N低时,将提高雌花分化的百分数。土壤条件对性别分化的影响也比较明显,此外,磷、硼、钾等元素可以促进糖的合成和运输,提高瓜类的雌花率。

(2)植物激素。激素对植株性别表达的影响主要表现在两个方面:一方面影响花芽的分化;另一方面导致性逆转。某些植物激素和人工合成的生长调节物质对植物性别的分化有明显作用,一般赤霉素主要促进雄花分化,乙烯和生长素类物质促进雌花分化。生产中,烟熏黄瓜植株可以增加雌花比例,因烟雾中含有乙烯和一氧化碳,一氧化碳能抑制吲哚乙酸氧化酶的活性降低以及生长素分解,生长素和乙烯均能诱导雌花分化。此外,伤害也可以使雄株转变为雌株,如番木瓜雄株伤根或折伤地上部分,新产生的全是雌株;黄瓜茎折断后,长出的新枝条全开雌花,因损伤后可引起植株乙烯产生量增加。

了解植物性别分化的规律及其调控机理,在生产上具有重要的实践意义。以收获果实、种子为栽培目标的作物,除需少量雄株授粉外,还需要大量雌花、雌株,如瓜类、猕猴桃、核桃、核用银杏等;而以木材、纤维为收获对象的,则需要雄株,如麻类、杨柳等。生产上可根据需要对植物进行性别调控,以提高作物的产量和品质。

三、植物的授粉受精生理

(一)植物的授粉生理

1. 花粉粒和柱头

(1)花粉粒。成熟的花粉粒(简称花粉)自花药中散出,其保持活力的时间称花粉的寿命。活力是指花粉中的生殖细胞分裂产生的精细胞具有和卵细胞融合发育成胚的能力,花粉粒刚开始从花粉囊中散发出来时活力最强。

环境条件对花粉的寿命影响很大,如果遇到高温、高氧等环境,由于呼吸、失水等原因,极易丧失活力;避光、低温、低湿、低氧的环境中则能延长花粉寿命,在人工辅助授粉和杂交育种中,延长花粉的寿命具有重要意义。

成熟的花粉在没有落在柱头上之前处在暂时的休眠状态。花粉粒有内、外二层壁,外壁较厚,主要由纤维素、角质和孢粉素组成,孢粉素主要含类胡萝卜素、黄酮素、花青素等,花粉一般呈黄色(如苹果)或红色(如梨);内壁较薄,由果胶质和胼胝质组成。

花粉外壁或内壁都存在"识别蛋白",能识别花粉和雌蕊柱头是否具有亲和性。一般花粉粒 pH 较高,与其有亲和性的柱头 pH 较低。风媒传粉植物一般为淀粉型花粉,虫媒传粉植物为脂肪型花粉。花粉活力与蔗糖有密切的关系,如含蔗糖的小麦花粉为可育花粉,而不含蔗糖的则为不育花粉,可见缺乏蔗糖是导致花粉退化的原因之一。花粉中含有较多的游离氨基酸和酰胺,如育性好的花粉脯氨酸的含量高。花粉中还含有多种植物激素、维生素和矿质元素等,花粉中的养分十分丰富,为后代的繁殖做好了准备。

(2)柱头。胚珠寿命减去授粉受精所需时间(即花粉管生长到达胚珠所需的时间),其差值为柱头有效授粉期。

柱头生活力持续时间的长短因植物种类而异,一般果树和禾本科作物如苹果、梨、水稻、小麦、玉米柱头的有效期能持续 5～7 天,胚囊的寿命可达 10 天以上。苹果最适宜授粉期为开花后 3～4 天,在花刚开放、柱头新鲜且有晶莹的黏液分泌时最适宜授粉。在杂交育种时，应抓住开花后前几天的关键时间授粉，提高成功率。同一个花序不同花的花柱，其丧失生活力的顺序与花的分化、开放顺序一致。大多柱头不耐低温，但比较耐高温。

落在柱头上的花粉粒越多，越有利于花粉的萌发和花粉管的生长，因为花粉多则花粉中的营养物质及活性物质多。花粉的群体效应能显著提高坐果率，从而使作物高产优质，生产上可通过人工辅助授粉提高柱头上的花粉密度。

2. 授粉后雌蕊的生理变化

授粉后，花粉粒和萌发后的花粉管会使雌蕊柱头、花柱、子房和整个植株都产生明显的生理变化。首先，雌蕊呼吸速率升高，一般比未授粉时增加0.5~1倍，花冠和花萼呼吸速率升高大于2倍；其次，授粉后，雌蕊中生长素含量激增，促进营养物质向雌蕊转移，生长素含量升高，一方面是由于花粉向雌蕊中分泌生长素，另一方面花粉本身能分泌使色氨酸转变为生长素的酶到雌蕊中，促进雌蕊特别是子房中合成大量生长素；最后，花粉粒中酶的活性升高，有的高6倍多，有些水解酶可分泌到花柱中分解花柱中的碳水化合物和蛋白质等营养物质，为花粉管生长提供养料。因此授粉后，雌蕊的代谢、呼吸都升高，对水和无机盐的吸收能力也加强。

（二）植物的受精生理

1. 植物受精的含义

被子植物的花粉管穿入胚囊释放两个精子，分别与卵细胞和二极核融合后，形成合子和初生胚乳核，子房壁形成果皮，完成双受精作用。对绝大多数植物来说，受精是果实和种子形成和发育的必须过程，因为如果不受精，花开放后便会脱落。因此，凡对受精不利的因素，都会引起花果脱落。

从授粉到受精所需的时间，一般植物为1~2天，有的需一个月，如桦属，有的需一年左右，如松属、栎属。胚囊中的卵细胞和二极核在受精前一般处于休眠状态，受精后被激活，幼果呼吸速率随合子和初生胚乳核的快速分裂而出现呼吸高峰。

生产上，花中雌蕊没有授粉的几乎都会落掉，但如果人工施用萘乙酸、2,4-D等生长素类植物生长调节剂处理没受精的子房，便可以使子房生长，形成无籽果实。草莓花托上的瘦果去掉，花托不能膨大，但如果去掉瘦果后用生长素处理，便可正常膨大。说明受精后的种子、果实及着生部位的子房、花托生长素含量升高,生长素可促进果实细胞分裂和膨大。此外,受精后幼果中细胞分裂素、赤霉素含量都不同程度升高,生长抑制物质下降,整株植物的水分、矿质吸收及有机物转化和运输速率均加快。

2. 影响授粉受精的因素

授粉受精不良,作物会出现较严重的落花、落果,禾本科作物会出现空粒、果穗顶部出现秃顶现象。授粉受精除受内部因素影响外,还受外界环境条件如温度、湿度、营养状况等环境条件的影响。

(1)温度。温度低会影响性细胞的形成,也影响开花,早春低温是制约开花的关键。较高的温度能促进花药开裂,促进花粉粒的萌发和花粉管的生长。一般花粉萌发的最适温度范围为 $20\sim30℃$ 过高过低均可造成不良影响。

(2)湿度。花粉萌发需要环境有一定的湿度。过度干燥(空气相对湿度低于 30%)会影响花粉粒的活力,雌蕊的柱头易干枯,影响花粉萌发;但如果相对湿度过高,花期遇雨水天气,花粉粒会过度吸水而胀裂。对大多数植物来说,一般 $70\%\sim80\%$ 的相对湿度较为合适。

(3)营养状况。作物贮藏的有机营养多,则花粉、柱头生命力强、寿命长,授粉受精有效期长;植物体内氮素充沛,矿质元素贮备情况好,则有利于授粉受精。生产上农作物、果树等花期喷硼,可提高坐果率,预防"花而不实",减少畸形果,但硼过量极易发生毒害,注意其使用浓度。

此外,其他因素,如病虫害管理水平,栽植密度是否合理,通风透光状况等因素也会对受粉受精产生影响。当花期遇到不良环境时,应采取辅助授粉的方法,以尽量降低损失。

第三节 植物的抗逆生理

一、植物在逆境的生理变化

(一)膜系统损伤

膜系统的损伤主要由于膜脂过氧化、膜蛋白变性和膜脂流动性改变,造成膜相应改变和膜结构破坏。膜的损伤使膜透性加大,选择透性能力降低。

透性加大使细胞内容物外渗,外渗物质包括一些盐类、有机酸等导电物质。将损坏部位置于蒸馏水中,水的导电能力即电导率会加大。

(二)植物体水分平衡受到破坏

寒冷、冰冻、高温、干旱、盐渍及病害等逆境都会破坏植物的水分代谢,使细胞脱水,引起植物体内水分失衡和重新分布,导致水分胁迫,并使膜系统受损,透性增大。

(三)光合作用降低

逆境会引起光合作用降低,同化物的形成减少。逆境下细胞及叶绿体结构受到伤害、叶绿素分解、酶活性降低、气孔开度变小是光合作用降低的主要原因。

(四)酶活性发生变化

高温、低温、干旱、盐渍胁迫下,植物的合成酶活性降低,水解酶活性增强。糖类、脂类、蛋白质、核酸等生物大分子的分解大于合成,导致葡萄糖、蔗糖和可溶性氮化物(如氨基酸)含量增加。虽相应提高了植物对水、低温等胁迫逆境的抗性,但加强了呼吸作用,导致植物体内物质和能量的极大消耗。

这些表现在植物形态上生理变化的便是环境胁迫最直观的反应。如:植物萎蔫、停止生长;植物器官凋萎、枯黄、腐烂、死亡或脱落;根系褐变或腐烂;病原微生物侵染时,使病部呈现变形、病斑、溃烂、流胶、退绿、坏死和焦枯等。

二、植物的抗逆性

(一)避逆性

植物或植物器官通过种种方式,使自己在生长发育时期避开逆境的伤害,在相对适宜的环境中完成其生活史,这种适应逆境的方式称逆境逃避,简称避逆性。

如在自然条件十分严酷的高原或沙漠地带,有些植物为避开夏季干旱,能利用早春雨水或雪水,在夏季来临之前即可完成生长、开花、结果等生命周期,称其为短命植物。北方寒、温带地区植物的冬芽、地下块根、块茎和种子,在冬季来临之前通过休眠避开严寒,等待第二年春季来临再萌发。如昙花在夜晚开放,因其原生长地在美洲墨西哥至巴西的热带沙漠中,那里的气候又干又热,晚上开花可以避开强烈阳光的曝晒,大大减少水分的损失,使它完成生命过程,类似逆境逃避现象在自然界还有很多。

(二)耐逆性

植物或器官在逆境胁迫下能够继续进行生长发育,完成自己的生命周期,这种适应逆境的方式称逆境忍耐,简称耐逆性。植物耐逆性的方式主要有两种:一种是通过形态结构的改变来适应逆境;一种是通过生理代谢的改变适应逆境。

1. 改变形态结构来忍耐逆境

仙人掌科、景天科等科植物叶常退化掉或退化为刺,器官表面有厚的角质层和蜡质,茎变化为肉质多汁并含有叶绿素,代替叶行使光合能力;白蜡树叶片发白,光亮,有蜡质,能反射光线,降低蒸腾;针叶松等叶片小而肉质,气孔下陷等。这些形态、结构上的变化都是为了适应高温、缺水、干旱的环境。

此外,高温多雨的热带雨林中的阴性植物叶片边缘多水孔,以吐出过多吸收的水,保护植物不被过多的水伤害;胡杨等耐盐碱植物有发达的泌盐系统,以适应盐碱地环境。这些现象也说明了环境是影响植株形态的最为重要因素。

2. 改变生理代谢来忍耐逆境

在逆境条件下诱导产生的蛋白质称为逆境蛋白。逆境蛋白类型如下:

(1)热激蛋白。植物经受短时间高温胁迫后诱导产生的新蛋白,能增强植物的抗热性。

(2)病程相关蛋白。植物受病原菌感染或用一些特定的化合物处理后,会产生一种或多种新的蛋白质,能提高植物的抗病能力。病程相关蛋白在植物体内的积累与植物局部诱导抗性和系统诱导抗性有关。病程相关蛋白也可由某些物质,如水杨酸、乙烯诱导合成。

(3)低温诱导蛋白。植物经一定时间的低温处理后会合成一些特异性的新蛋白质,如同功蛋白、抗冻蛋白、胚胎发育晚期丰富蛋白等,这些新蛋白质的出现与植物抗寒性等的提高相伴随。

（4）渗透调节蛋白。干旱或盐渍都能诱导出一些逆境蛋白，其合成总是伴随着渗透调节过程。重金属元素、厌氧环境、活性氧和紫外线胁迫也能诱导一些逆境蛋白的产生。不同逆境条件下有时能诱导出一些相同或相似的逆境蛋白，如缺氧、干旱、盐渍和 ABA 处理等都能诱导产生一些热激蛋白。

渗透调节与抗逆性都会导致植物细胞内水分的散失，即水分胁迫。植物细胞通过在细胞液内积累各种可溶性有机物和矿质离子等无机物质，提高细胞液的浓度，降低其渗透性，抑制水分的蒸发，以适应水分胁迫的环境，称渗透调节。

干旱、低温时，植物通过水解细胞内淀粉、脂类等高分子贮藏物质为葡萄糖、蔗糖等小分子可溶性物质来提高细胞液浓度，降低其渗透势，从而增强细胞的保水和抗冻能力。

在逆境条件下（旱、盐碱、热、冷、冻），植物体内还会合成积累脯氨酸和甜菜碱。脯氨酸是蛋白质的成分之一，游离状态存在于植物体中。甜菜碱能够维持细胞渗透压，减小逆境对生物膜和酶的伤害，因其能解除高浓度盐对酶活性的毒害，降低膜脂过氧化程度，其含量与植物耐盐性呈正相关。

3. 改变代谢方式来忍耐逆境

如高光强、高温环境中的 C_4 植物进化出了 C_4 途径，干旱、缺水环境中的仙人掌等 CAM 植物进化出了 CAM 途径，缺磷、钾环境和衰老、感病植株呼吸作用中的 PPP 途径比例上升等。

此外，耐盐碱植物通过把吸收的盐类隔离在液泡内或通过盐腺泌出植物体外的代谢方式，使代谢活跃部分免受伤害。

4. 改变激素含量来忍耐逆境

在逆境条件下，ABA 和乙烯含量增加，IAA、GA、CK 含量降低，其中以 ABA 的变化最为显著。ABA 增加可增强植物的抗逆性。如外施适当浓度的 ABA 可以提高作物的抗寒、抗旱和抗盐性。

过氧化物酶（POD）、超氧化物歧化酶（SOD）和过氧化氢酶（CAT）等活性的下降，这些抗氧化酶可消除细胞内带阴电荷的自由基，阻止自由基引发的膜脂过氧化作用，保护膜免受损伤；能提高膜脂的流动性和不饱和程度，降低逆境对植物的伤害。

第四章　植物的代谢及生理活动

　　植物的代谢与生理活动对于植物的生长十分重要,在农业生产上,水是决定产量的重要因素。所以,对植物水分代谢的研究受到全世界农业工作者和植物生理学界的普遍关注。本章围绕植物的水分代谢与合理灌溉、植物的矿质代谢与有效施肥、植物的光合作用及其同化产物的分配、植物的呼吸作用及其在生产中的应用展开论述。

第一节　植物的水分代谢与合理灌溉

一、植物的水分代谢

(一)植物对水分的需要

　　对绝大多数生物而言,没有水就不能生存。地球上如果没有水,就不会有生命的诞生。有收无收在于水,收多收少在于肥,水是命,肥是劲,水是农业的命脉,这些都说明水在农业生产中之扼喉地位。"植物在和病原微生物共同进化的过程中形成了复杂的免疫防卫系统,其中,植物的代谢途径在其免疫防卫系统中发挥着重要作用。"[①]

1.植物的含水量

　　植物的含水量平均约占植物体鲜重的 $60\%\sim95\%$。陆生植物体内含水量较少,水生植物体内含水量较多,如浮水植物凤眼莲含水量在 90% 以上,生长在岩石上的地衣含水量仅有 6%。生物体内的不同组织或不同器官内的含水量也不相同,如晒干的谷物种子中的含水量为 $13\%\sim15\%$,玉

---

① 覃瀚仪,李魏,戴良英.植物代谢产物在抗病反应中的功能研究进展[J].中国农学通报,2015,31(18):256−259.

米种子为 11％，而花生种子只有 5.1％，大麦根尖为 93％，苹果果实为 84％ 等；同一种植物，生长旺盛、幼嫩的组织、器官含水量就多一些，而趋向衰老 的组织、器官含水量则低一些；在不同的生育时期，体内的含水量也不同，一 般含水量随组织、器官的逐渐成熟而下降。同一植物生长在潮湿环境比生 长在干燥处含水量高。

2. 水在植物体内的重要作用

(1)水是原生质的重要组成成分。水以束缚水和自由水的形式参与原 生质的组成，原生质中水分含量及存在状态，与植物生长代谢及对环境的适 应有很大的关系。生长在干热岩石上的地衣，细胞内的水基本是束缚水，原 生质处在凝胶状态，此时地衣处于生理代谢极微弱的假死状态，所以能抵抗 极恶劣的环境；秋季过渡到冬季，种子、树木体内糖、蛋白质等含量升高，自 由水慢慢减少，束缚水相对升高，代谢逐渐减弱，最后进入休眠状态，可度过 寒冷、干旱的冬季。由春季到夏季，温度升高，雨水逐渐增多，植物细胞吸 水，原生质由凝胶变为溶胶状态，生长代谢越来越旺盛，植物逐渐繁茂，因此 水分也是调控植物适应环境的一个重要因素。

(2)水是植物生理代谢的原料和介质。水是植物体内许多生化反应的 原料，如光合作用、呼吸作用必须有水参与才能进行，植物体内的各种水解 反应更离不开水；水是植物代谢反应的介质，如肥料需溶解在水中才能被植 物吸收，吸收的肥料需借助水才能运输到地上部器官中去，增加或减少土壤 含水量可以调节植物对肥料的吸收。在植物生长发育的不同阶段，灵活地 以水促肥或控肥可使植物高产稳产。植物体内各种代谢反应都是在以水为 主要成分的胶体或溶液中进行的。

(3)水能使植物保持挺立状态，能保证植物的正常生长发育。植物细胞 内液泡水分充足，可使植物器官保持挺立状态，叶片舒展、气孔张开，可充分 接受阳光和进行气体交换。植物生长发育的某些阶段对水分十分敏感，如 在雌、雄蕊发育时，由花粉母细胞形成花粉粒、由胚囊母细胞形成单核胚囊 的过程中，对水分特别敏感，水分不足会引起雌、雄配子失败，不能形成 产量。

(4)水能调节植物体的温度，改善植物的生存环境。水的汽化热和比热 较高，可以在一定程度上避免外界环境温度突然变化(高热或寒流)对植物 体造成的损伤。通过吸热或放热，可保持植物体温的相对稳定。强光下，植 物能通过体内水分蒸发带走大量热量，可使器官免遭烈日灼伤；低温时又可 放出热量，尽量降低冻害。水也可以改善环境湿度、温度及土壤水气状况等,为植物生长创造良好的环境。

(二)植物对水分的吸收

1.植物细胞对水分的吸收

(1)水势。在恒温、恒压条件下,体系可用于做功的能量称为自由能。每摩尔物质的自由能就是其化学势。因此在纯水中,每摩尔水所具有的自由能,称为水的化学势,简称水势。在配制蔗糖溶液时,1L 水和 1L 蔗糖混合在一起,体积并不是 2L,因一部分水分子浸填到蔗糖分子空隙中,使总体积减小。水的摩尔数应根据总体积减去蔗糖的体积所得的水的体积来计算,所得数值称每偏摩尔体积的水,所以在某一溶液体系中,水势是指每偏摩尔体积的水所具有的自由能。

一个含水体系的水势高低主要受溶质、压力、衬质(亲水物质)、温度的影响,应为各种影响值的总和。即在一定温度下,体系水势一般为溶质势、衬质势和压力势之和。

溶质势。由于溶液中溶质的存在而使水势降低的值,称溶质势或渗透势,为负值。溶液浓度越高,水势就越低。

衬质势。蛋白质颗粒、纤维素、淀粉粒等亲水物质的表面能够吸附水分子,具有潜在的吸水能力,这类物质称衬质。由于衬质的存在而使水势降低的值,称为衬质势,为负值。

压力势。体系若受到正压力就会增加水的自由能,使水势升高,一般压力势为正值,但当受负压力时,如木质部导管中的液体在蒸腾作用进行时,由于蒸腾拉力为负压,使导管中水势降低,压力势为负值。一个体系中,由于压力的存在而使水势改变的值,称为压力势。

(2)植物细胞吸水原理。植物细胞的吸水方式主要有渗透作用和吸胀作用两种。

有液泡的细胞靠渗透作用吸水,这是细胞吸水的主要方式。渗透作用吸水是生命现象,只有活的细胞才具有这种吸水方式;幼小的细胞、干燥的种子等没有大液泡的细胞,靠亲水胶体的吸胀作用吸水,死、活细胞都可进行,是一种物理现象,但只有活细胞吸胀后才能继续生长。

一是植物细胞的渗透作用吸水。渗透作用吸水是指水分子通过半透膜由水势高的一方向水势低的一方扩散的现象,两种水势中不同的溶液和半透膜便构成一个渗透系统。半透膜是指只允许水通过而溶质不能通过的膜,活的细胞的质膜和液泡膜等生物膜是选择透过性膜,仅允许水分子和一些小分子物质通过,相当于半透膜。此外,种子的种皮、动物的膀胱也可相当于半透膜。

一个具有液泡的植物细胞,与外界细胞或溶液相接触,即构成一个渗透系统:细胞膜、液泡膜及二者之间的细胞质相当于半透膜。当植物细胞的液泡充分吸水后,向外对细胞壁产生压力,称为膨压。细胞壁同时对液泡产生向内的反压力,即产生压力势,为正值。

有液泡的植物细胞处于外界溶液中时,会出现三种情况:①当外界溶液水势＞细胞水势时,细胞吸水;②当外界溶液水势＝细胞水势时,细胞吸水＝细胞失水,处静态平衡中;③当外界溶液水势＜细胞水势时,细胞失水,体积缩小。因细胞壁的弹性小于原生质体弹性,当细胞持续失水到一定程度,原生质体和细胞壁发生分离,称为质壁分离现象。

把发生质壁分离时间不久的细胞放在水势高的溶液中,原生质体的细胞壁又会恢复到分离之前的状态,称为质壁分离复原现象,细胞不会死亡。但质壁分离发生时间一久,会导致细胞死亡。土壤一次性施肥过多、土壤盐碱含量过高、土壤长时间干旱都会导致这种现象的发生,引起植物死亡,生产上应加以避免。

二是植物细胞的吸胀作用吸水。吸胀作用是亲水胶体吸水膨胀的现象,无液泡的细胞靠这种方式吸水。因无液泡,细胞的压力势和溶质势都可忽略不计。如干燥种子、分生组织细胞,其种子和细胞内含蛋白质、淀粉、纤维素等具亲水性,蛋白质亲水性最高,它们产生的衬质势是细胞水势的主要部分。因此,衬质势一般很小,如豆科植物干燥种子的衬质势可低于-100MPa,放在水中,可使细胞剧烈吸水胀大。

三是植物细胞间水分的移动。相邻细胞间水分的移动方向决定于两细胞的水势大小,水分总是从水势高的细胞移向水势低的细胞。两细胞间水势差越大,水分移动越快,反之越慢。

当多个细胞连在一起时,如果存在水势梯度差,则水分就会从水势高的细胞一端流向水势低的一端。植物体内以及土壤、植物和大气三者之间水分的移动均符合这一规律。

2. 植物根系时水分的吸收

(1)根系吸水的部位。植物吸收水分的主要部位是根尖的根毛区,原因主要有两点:

一是根毛区根毛多,吸收面积大。

二是根毛区有输导组织,吸收的水分可很快输送到地上部去。由于根毛区在根的先端,因此,移栽植物时要尽量减少对根系的损伤。

(2)根系吸水的原理。植物根系吸水的根本原因是根系和土壤之间存在水势差,而且根系水势须低于土壤水势,根系才能吸到水。

根毛区是植物吸收水分和矿盐的主要部位,属初生构造区,其内皮层由于有凯氏带或马蹄形细胞,相当于半透膜,使内皮层以外的部分(包括土壤)和以内的导管形成渗透系统。根毛细胞消耗其呼吸能量不断从土壤中主动吸收植物生长所需的矿盐,矿盐通过主动运输经内皮层选择进入内皮层,经中柱鞘细胞进入根导管中,使导管体系内溶液浓度升高,水势下降,与土壤溶液间形成水势差,从而使土壤中的水分通过内皮层(相当于半透膜)扩散进入根导管,即根系吸水。这种吸水方式是由根系自身的代谢活动引起的,为主动吸水方式。由于根系土壤溶液中水的自由能大于导管内溶液水的自由能,便形成一种向上的推力,可把根导管内液体压上地上部导管。因此,把这种由根的代谢活动所产生的能使根部液体沿导管向升的力量,称为根压。

将植物茎基部切断,不久伤口会流出液体的现象,称为伤流。伤流证明根压的存在,伤流液的成分和量可反映根系吸收物质的状况及代谢强弱。有些植物伤流现象较重,如葡萄、瓜类、核桃等,修剪时要避开伤流严重时期,如核桃在休眠期、葡萄在生长期。

在温度温和的清晨或傍晚,根系代谢活跃,吸收的水分大于蒸发的水分,体内水分过饱和,水便从叶缘上的水孔沁出,这种现象称为吐水。水孔类似于气孔,但不能关闭。吐水也由根压引起的,夏天清晨,植物叶缘挂的水珠有露水,也有水孔吐的水;热带雨林树冠下的阔叶植物吐水现象比较重,如有一种芭蕉,因吐水严重,当地人形象地称其为"雨蕉"。

当植物体进行蒸腾作用时,表面细胞首先失水,细胞液浓度升高,水势降低,从而使表面细胞和内部相邻细胞间产生水势差,相邻细胞的水便进入表面细胞。以此类推,依次形成从叶肉细胞、叶脉导管、茎导管、根导管、土壤一个自上而下水势逐渐升高的水势梯度,最终使根系从土壤中吸水。这种吸水方式是由植物的蒸腾作用引起,是一个被动的物理过程,因此称为被动吸水方式。蒸腾作用使植物体上部导管内溶液的水势低于下部,产生的自由能差把下部的水拉上上部,因此,把由于叶片的蒸腾作用而产生的使根系吸水并拉向上部的力量称为蒸腾拉力。如带有枝叶等器官的离体枝条插在盛水的瓶中,虽无根吸水,但枝叶并没在短期内枯萎,因此通过蒸腾作用获得了水分。扦插繁殖也证明蒸腾拉力的存在。

蒸腾拉力比根压大得多,烈日下可达十几个大气压,1个大气压如不考虑导管阻力的话可使水分升高10m左右,所以蒸腾拉力可把水拉上几十米甚至上百米高的树冠顶端。生长代谢时,蒸腾拉力是根系吸水和水分上升的主要动力,即被动吸水是植物吸水的主要方式。而根压一般仅为1~2个大气压,对高大的树木仅靠根压显然是不够的。在早春树木未吐芽和蒸腾作用很弱时,根压才成为根系吸水的主要动力,其他时间只起补充吸水作用。

导管内的水由于水分子之间的内聚力和管壁对水的吸附力,可克服重力,使水柱连续上升。水在长而通畅的导管内运输速度很快,每小时可达20~40米;裸子植物只有管胞,水在管胞中的运输速率每小时仅0.6m左右。导管中的水可通过纹孔横向运输到周围薄壁细胞中去,但运输速度很慢。

影响根系吸水的环境条件:①土壤含水量。土壤中的水分可分为吸湿水、膜状水、毛管水和重力水几部分,其中能够被植物吸收利用的水为有效水,主要为毛管水。多施有机肥可使土壤形成团粒结构,增加毛管数量,提高有效水的含量。一般土壤含水量为田间最大持水量的60%~80%,适宜于植物生长。②土壤温度。土壤温度能够影响根系的生长速率、呼吸速率、水分及原生质的存在状态和流动速率等,从而影响植物根系对水分的吸收。通常,在一定温度范围内,随着土壤温度的升高,根系生长快、吸收面积大、呼吸速率高产生的根压大、水分和原生质流动快这些因素都会促进根系吸水,反之则吸水减慢。过高或过低的温度影响植物正常的代谢功能,均不利于根系的吸水。此外,剧烈的降温比逐渐降温对根系的吸水影响更大,如夏季中午不宜用井水浇灌,因井水凉,与高温的地面间温差大,根系突然受凉后,吸水急剧降低,而此时蒸腾旺盛,导致植物体由于水分亏缺而出现叶片萎蔫、花果脱落现象,所以应于清晨、傍晚灌溉,或在地上流经一段距离后再流入大田。③土壤通气状况。通气状况好的土壤氧气充足,根呼吸通畅代谢旺盛,有利于根压的产生,促进根系吸水。相反,土壤板结、涝害等引起土壤通气不良时,根系氧气不畅,CO_2积累,植物呼吸困难,吸水能力必然下降,严重时,会由于无氧呼吸及产生的毒素导致根系腐烂死亡。因此,生产上应及时改良土壤结构,为作物生长提供一个土层肥厚、疏松的土壤环境。④土壤溶液浓度。土壤溶液的浓度高,水势过低,根系吸水困难。一次施肥过多,会发生质壁分离现象导致植株局部或整株失水死亡,即"烧苗"现象,但施肥太少又满足不了生长需要,因此施肥要少施勤施,干旱了要及时灌溉,要保证土壤溶液的水势高于根细胞水势。土壤有水,但由于含盐、碱等太多,水势低,根系吸收不到其中的水而发生的干旱,称为生理干旱,盐碱地的作物常因生理干旱而难以存活。

3. 水分在植物体内的运输

水分从土壤到植物体又散失到大气中去的过程,是一个连续的过程。在这一过程中,水分只有 $1\%\sim5\%$ 左右参与了植物体的建造和贮藏物质的合成,其他大部分都消耗于蒸腾作用中,变成水蒸气散失到大气中去。

在这个过程中,水分运输经过的具体途径可概括为两种:

(1)经活细胞的短距离运输,即水从根表细胞至中柱薄壁细胞和水从靠近叶脉的叶肉细胞至气孔下腔。这两段在植物体内的长度不过几毫米。水分穿过内皮层时必须通过胞间连丝或跨膜运输,运输的阻力很大,运输速度极慢,水分在其他活细胞间运输一般是通过细胞间隙或细胞壁。

(2)通过导管或管胞的长距离运输,包括水分在根、茎、叶柄和叶脉导管或管胞等死细胞中的运输,对水分子的阻力很小,适宜于水分的长距离运输,速度极快,为 $1\sim45\mathrm{m/h}$。管胞的运输速度通常低于导管。另外,水分运输的速度也受植物生长状况及环境的影响,如光照强度、温度、湿度等。

(三)植物体内水分的散失

1. 蒸腾作用的意义及方式

(1)蒸腾作用的意义。蒸腾作用是一个失水过程,会消耗掉植物一生吸收水量的 95% 以上。干旱山区土壤水分不足时,经常由于蒸腾过度,使作物颗粒无收。但对于植物的正常生命活动,它又是必不可少的,其重要意义主要表现在以下方面:

一是促进植物对水分和矿质元素的吸收、运输和分配。蒸腾拉力是植物吸水的主要动力,同时可把水和溶解在水中的矿质元素运输、分配到地上部分的各个器官中。

二是蒸腾作用可带走植物吸收的大量热能,使植物不至于灼伤、枯焦、死亡。如果把一株植物从土壤中拔出放在烈日下,则一中午便会成为毫无生命的枯草。

三是蒸腾作用可使气孔张开,在进行蒸腾作用的同时促进 CO_2 和 O_2 通过气孔进出叶片,有利于植物的光合作用进行。

(2)蒸腾作用的部位和方式。除根和地下器官外,植物幼小时的叶、茎各器官表面都可通过表皮细胞和气孔发生蒸腾。随着植株的成长,老茎、根表面有木栓层阻止水分散出,木栓层上的皮孔也能发生少量的蒸腾,称皮孔蒸腾,仅占总蒸腾量的 0.1% 左右。长大的植物,蒸腾部位主要为叶片。叶片表面由气孔和角质化的表皮细胞外壁组成,通过角质层的蒸腾,叫作角质蒸腾,占蒸腾作用的 5%～10%,幼嫩叶子的角质蒸腾可达总蒸腾量的 1/3 ～1/2。

2. 植物的气孔蒸腾

(1)气孔的大小、数目、分布、形态及运动。气孔是植物表皮组织上由两个保卫细胞围成的小孔,是植物与外界进行气体交换的通道,O_2、CO_2 和水蒸气均可从气孔通过。气孔数量很多,但直径很小,其总面积约占叶面积的 1%。在每平方毫米的叶面积上,气孔数目多达 40～500 多个,称为气孔频度。虽然气孔的数目不少,但直径很小,所占总面积一般不超过叶面积的 1%,但是蒸腾量比同面积的自由水面快几十到一百倍。因为小孔的扩散速度不与其面积成正比,而是与小孔的周长成正比,称为小孔扩散律。因水分从小孔周缘扩散出去只受内部水分子的碰撞,而中间水分子需受周围各方向水分子的挤碰,因此水分从小孔周缘扩散出去比从中间扩散出去受的阻力小,所以速度就快,这种现象称为小孔边缘效应。如果把一个大孔分割成若干个小孔,由于小孔的总周长比一个大孔大得多,所以所有小孔蒸发量总和自然比一个大孔或同面积的自由水面要快。

一般阳生的双子叶植物叶平展,下表皮较多,上表皮接受阳光水分散失快,所以上表皮少,如苹果气孔都在下表皮上,上表皮无气孔;玉米、高粱等单子叶植物叶上斜,叶两面受光,上、下表皮气孔数量相当;睡莲等植物浮在水面上的叶,气孔基本都分布在上表皮。

植物的气孔由保卫细胞所围成,两个保卫细胞比其他表皮细胞小很多,呈绿色,内含叶绿体,能进行光合作用。不同植物的气孔形态不同:双子叶植物的气孔是由两个半月形或肾形的保卫细胞所围成;单子叶植物的保卫细胞为哑铃形,另外还有两个至多个副卫细胞与之相连。

气孔一般白天开、夜晚关。调节气孔开闭的原因主要与构成气孔保卫细胞的代谢活动及其特殊结构有关。保卫细胞小且内有叶绿体,对双子叶植物来讲,两保卫细胞相邻的一边细胞壁厚,相背的两边较薄。对单子叶植物来讲,两哑铃形保卫细胞中间细胞壁加厚而两端薄。白天保卫细胞进行光合作用,使细胞液的浓度升高,因细胞很小,少量的物质即可降低其水势,使保卫细胞吸水。由于厚的细胞壁一边伸缩能力差,因此当保卫细胞吸水膨胀时,半月形保卫细胞便被拉成弓形,哑铃状保卫细胞两端膨大而中间不膨大,二者皆导致气孔张开。夜晚,光合作用停止,保卫细胞细胞液浓度降低、水势升高而失水收缩,厚壁重新变直,哑铃状膨大的两端回缩,二类气孔关闭。此外,保卫细胞壁上有辐射状微纤丝存在,可牵引内壁向外运动,有助于气孔均匀拉开。关于气孔开闭的机理有许多假说,如淀粉糖转换假说、钾离子累积假说、苹果酸代谢假说等。

(2)气孔蒸腾的过程。气孔蒸腾过程分为两步:第一步,水分先从叶肉细胞的细胞壁被蒸发出来,以水蒸气的形式进入细胞间隙,然后汇集在气孔下室;第二步,气孔下室的水蒸气经张开的气孔扩散到大气中去,这一步主要决定于气孔下室与大气之间湿度(或蒸汽压差)的大小。一般叶片气孔不下陷、数目多,开度大,气孔下室的水蒸气饱和度高,内外蒸汽压差大,扩散阻力小,这样的植物蒸腾速度快。环境湿度大,气孔内外蒸汽压差小,则不利于气孔蒸腾。

在无干旱胁迫的条件下,光照是影响气孔运动的主导因素。除景天科进行酸代谢途径的植物外,大多数植物在光照情况下气孔打开,无光照情况下气孔关闭。但在烈日强光下,蒸腾剧烈,植物萎蔫,保卫细胞缺水,气孔将会关闭。一天里,如在春、秋季节,从早晨到中午,气孔开度是逐渐增大的,下午又逐渐缩小,太阳落山关闭。低浓度的 CO_2 可促进气孔开张,高浓度的 CO_2 可使气孔迅速关闭。在一定温度范围内,随着温度升高,气孔开度增大,一般 30℃ 时气孔开度达到最大。水分逐渐增多会促进气孔开大,但地里水分过多,表皮细胞吸水胀大,会相互挤靠,使气孔关闭。缺水较重时,植物的气孔只在早晨和傍晚开,禾本科植物晚上气孔永远关闭,对缺水特别敏感,遇到干旱,午前就关闭气孔;细胞分裂素能促进气孔开张,而脱落酸则会引起气孔关闭。

3.蒸腾作用的指标

植物不同,蒸腾量有较大差异,衡量蒸腾作用强弱的指标主要有以下两种:

(1)蒸腾速率。单位时间、单位材料植物通过蒸腾作用所散失水的数量,称为蒸腾速率,以前也称蒸腾强度。单位材料可以是单位叶面积,难测叶面积的叶片或仙人掌、假叶树等变态器官,可用单位质量。叶面积测定时,常用单位有 $g/m^2 \cdot h$ 或 $mg/dm^2 \cdot h$ 表示。大多数植物白天的蒸腾速率为 $15\sim250g/m^2 \cdot h$,夜间为 $1\sim20g/m^2 \cdot h$。

(2)蒸腾系数。植物每制造 1g 干物质所消耗水分的克数称为蒸腾系数,又称需水量,为蒸腾效率的倒数,用 g/g 表示,也可不写单位。一般植物的蒸腾系数为 125~1000。蒸腾系数是衡量植物水分利用率的一个非常有用的指标,不同植物的蒸腾系数有很大差异,其数值越小,表明植物对水分的利用率越高,缺水少雨地区尽量选择栽种需水量低的抗旱作物。

4. 影响蒸腾作用的因素

(1)内部因素。影响植物蒸腾作用的内部因素主要有:叶面积大小、角质层厚薄、气孔位置、气孔下室大小、气孔频度、气孔开度等。叶面积大、角质层薄、气孔不下陷、气孔室大、气孔频度高、气孔开度大的植物蒸腾速率高,蒸腾失水多,不抗干旱;反之,蒸腾失水低,抗旱能力强。

(2)外部因素。植物的蒸腾作用是一个复杂的生理过程,既受到其本身形态、结构等内部因素的影响,也与植物生存环境诸多的因素密切相关。凡能影响气孔运动的外部因素均能影响蒸腾作用。

光照。光照对蒸腾起着决定性的促进作用。光的能量使水变成水蒸气离开细胞,形成蒸腾拉力;光照使温度升高,空气干燥,促进水分子向大气中扩散。但光过强,使蒸腾失水大于根吸水量,引起植物体内水分亏缺,会发生暂时萎蔫现象,使气孔开度变小,叶面积降低,蒸腾作用减弱。如果土壤缺水,会发生永久萎蔫,时间一长,植物会由于干旱枯黄死亡。

温度。蒸腾作用一般随温度的升高而加强。在光直射下,叶温较气温一般高 2~10℃,厚叶更显著。因此气温增高时,气室蒸汽压的增大要比大气蒸汽压的增大高,蒸汽压差加大,蒸腾作用加强。据测定,在 30℃时叶内外的蒸汽压差是 20℃ 的 3 倍,蒸腾作用也加速到接近 3 倍。炎夏一般在下午 2 点气温最高,蒸腾作用也相应达到高峰。

空气湿度。通常,大气相对湿度越小,气孔内外的蒸汽压差就越大,水分子扩散越快,蒸腾速率也就越高。反之,大气相对湿度越高,气孔内外的蒸汽压差就越小,气室内的水蒸气扩散阻力大,使蒸腾速率降低。

二、作物的合理灌溉

(一)作物体内的水分平衡和合理灌溉

作物一生处在不断吸水、利用水和散失水的连续过程中。作物体内水分含量与生长、发育关系密切。一般作物吸水和失水(包括利用水、蒸腾水、吐水)之间存在三种情况:

第一,吸收的水＞失水,作物体内水分过多,作物营养器官徒长,以果实、种子为收获物的作物产量会降低。连续阴雨天或漫灌易出现这种现象。

第二,吸收的水＜失水,作物体内水分亏缺,作物呈萎蔫状态,器官早衰、脱落,果实、籽粒早熟、瘦小。

第三,吸收的水＝失水,这时作物各器官的生长、发育状态最佳,一般把作物吸水与失水相当时的动态关系叫作作物的水分平衡,这是一种理论上的理想状态,在实际中较难达到。

合理灌溉理论上就是通过灌溉,使作物吸收的水与失去的水最大限度地接近平衡状态,越接近越合理。在这一前提下,生产上用尽量少的水获取最大的经济效益,即为合理灌溉。

(二)作物的需水规律

1. 作物的需水量

(1)不同的作物需水量不同。通常用作物的生物产量乘以蒸腾系数所得到数值,作为形成作物本身大概理论最低需水总量(因脱落的器官没计算在内)。作物不同,需水量也不同,小麦为513,谷子是310,谷子对水的利用率就高,抗旱能力也比小麦强;C_3 植物的需水量大于 C_4 植物,如 C_4 植物玉米为368,C_3 植物水稻为716。在选择栽培作物时,应根据作物的需水量和当地的水浇条件及雨水情况进行合理选择。在实际生产中,灌溉量一般比理论值要大很多,因土壤中的水、土壤漏水、土壤蒸发和流失的水量都包括在灌溉水和降雨中,而降雨量是一个不确定时间和量的因素,还应根据雨水情况适当增减灌溉量。

(2)同一作物不同生育期需水量不同。一般作物幼苗期植株小、叶少,需水量少;植株长到最大、叶面积总和最大时,蒸腾、生长代谢耗水最多,此时一般是营养生长和生殖生长并进的时期,需水量最大,称作物需水最大期;到成熟期以后,叶片枯衰、脱落,逐渐失去功能,水分消耗逐渐减少,需水量也相应减少。

有时可通过控制灌水量调控作物各器官生长发育的进程。如春季大多数作物通过充足的水肥促进其营养生长快速进行;当作物苗期地上部生长过旺而根系弱时,为抑制地上部生长,促进根系生长,这一段时间要少浇水,生产上称为"蹲苗"。小麦拔节浇水过早,会使其营养生长过旺,影响小麦孕穗,所以拔节水要适当晚几天浇。因此,生产上作物应根据不同生育期和具体情况,进行合理、有效的灌溉。

2. 作物需水临界期

作物一生中有几个对缺水最敏感、最易受害的关键时期，称为作物需水临界期。一般是生殖器官形成和发育时期，即花粉粒和胚囊形成的时期、受精及受精后幼果膨大的时期，此时细胞内原生质的黏度和弹性较小，代谢活跃，作物忍受和抵抗干旱的能力相对减弱，这期间如果缺水，生殖器官形成会受阻，叶中制造的养分难以输送到幼果中去，会造成花果大量脱落、果小、秕粒，对产量影响较大。禾本科作物小麦、玉米、水稻等需水临界期一般在孕穗开花期及灌浆期，其他农作物也大都在开花期前后和幼果快速膨大时期。因此，栽培作物时，应充分熟悉所栽培作物的生长发育规律，了解需水临界期的时间段，缺水时应及时进行灌溉。

（三）作物合理灌溉的指标

对作物是否已经缺水、是否需要灌溉，一般要从三个方面的指标进行科学判断：土壤指标、作物形态指标和作物生理指标。

1. 作物合理灌溉的土壤指标

作物根系的分布范围一般在 0～90cm 厚的土层中。在这一土层厚度中，据测定，土壤含水量为田间最大持水量的 60％～80％（即相对含水量）时适应于作物生长的各个时期。含有机质较多、有较好团粒结构的沙壤土，其田间最大持水量约为 20％，则适于作物生长的这种土壤含水量应为 12％～16％，如果低于此含水量，则应及时进行灌溉。

2. 作物合理灌溉的形态指标

形态指标是根据作物外部形态发生的变化来确定是否进行灌溉，我国农民自古以来就有看苗灌水的经验。作物出现萎蔫是缺水最直观的外部表现，但在炎夏烈日下，有时地里并不缺水，作物也呈现萎蔫现象，这是由于蒸腾失水高于根系吸水造成的，称暂时萎蔫，当傍晚蒸腾低时，萎蔫就消失了，这种情况不需要灌溉。如果中午和傍晚都呈现萎蔫，则是土壤缺水的表现，这种萎蔫称永久萎蔫，需要对土壤进行灌溉。此外，还可以观察茎、叶的颜色，如果缺水，则细胞生长慢，但并不影响叶绿素的合成，所以作物长得矮，叶片小，呈又浓又暗的绿色。有时茎、叶颜色发红，这是由于干旱时淀粉等碳水化合物的分解大于合成，细胞中积累较多的可溶性糖，形成了较多花色素糖苷在酸性细胞液条件下呈红色的缘故，出现这两种情况时就应灌溉。折一下叶柄或枝梢，如果易折断，则表明有弹性、脆性大，不缺水；如果不易折断,则表明组织软,缺水。根据作物形态变化判断作物是否缺水只能是个大概状况,因为当形态上出现上述缺水症状时,内部生理代谢活动缺水早已存在,生长发育已经受到一定程度的伤害了。对形态指标,应不断进行大田生产观察,向有经验的人学习请教,经反复实践,日积月累,才能正确掌握。

3. 作物合理灌溉的生理指标

生理指标能及时、准确地反映植物体内水的分含量状况,其量化数值也更科学一些。常用的灌溉生理指标有叶片细胞的水势、渗透势、细胞液的浓度和气孔开度等。一般以长成的功能叶作为测定对象。叶片是水分缺乏最敏感的器官,当土壤水分不足时,叶片含水量首先降低,细胞液浓度随之升高,水势及渗透势(溶质势)随之下降,气孔开度随之减小或关闭。在实际应用中,将测定的数值与相应的临界值进行比较,即可确定灌溉的时间和数量。

需要注意的是,植物灌溉的生理指标会因不同的植物种类、生育期、测定部位以及不同地区和取样时间而有差异,应用时宜结合当地具体情况,校正临界值,以便有效指导作物灌溉。

第二节　植物的矿质代谢与有效施肥

一、植物的矿质代谢

(一)植物所必需的矿质元素及其作用

植物要维持正常的生长和代谢,就需要从环境中不断摄取无机营养物质,不仅需要从空气中吸收 CO_2 和 O_2,还需要从土壤中吸收水和各种矿质元素。矿质元素因来源于地下各类矿石中而得名。植物对矿质元素的吸收、运输和利用过程,称为植物的矿质代谢。

1. 植物体内的矿质元素和必需矿质元素

(1)植物体内的矿质元素。研究植物的矿质营养,常用的方法是分析健康植株所含的元素。将植物材料放在105℃的条件下烘干水分后得到的部分称干物质,其中包含无机物和有机物。将干物质放在600℃条件下充分燃烧,有机物被烧掉,有机物中的 C、H、O、N 等元素是以 CO_2、H_2O、N_2、NH_3、SO_2 和 N 的氧化物等气体形式挥发掉。余下不能挥发的部分是无机物,又称灰分。灰分的化学组成是各种矿质元素的氧化物,灰分中的元素称为灰分元素或矿质元素。氮不是矿质元素,也不含在灰分中,但因为和其他矿质元素一样是植物从土壤中吸收获取的,所以通常把氮素列入植物的矿质营养中。

植物不同种类、不同器官、不同部位所含矿质元素的量有较大差异,通常表现为盐生植物大于陆生植物,陆生植物高于水生植物,成年植株高于幼年植株,同一植物体内各部位含量也有差异。

(2)植物体内必需的矿质元素。

植物必需的矿质元素是指植物生长发育所必不可少的元素。灰分中大量存在的矿质元素不一定是植物必需的。对此国际植物营养学会有统一规定,必需元素须同时具备两个条件:①缺少该元素,植物生长发育将受到限制,不能完成其生活史;②缺少该元素,植物表现出专一的缺素症,只有加入该元素后症状才能消除。

按照植物必需元素的标准和确定方法,目前公认的植物生长发育必需元素有 17 种,分别是碳、氢、氧、磷、钾、钙、镁、硫、铁、硼、锰、锌、铜、钼、氯、镍。其中,碳、氢、氧在植物体内的含量很高,但不是灰分的成分,不作为矿质元素。因此,植物必需的矿质元素为其余 14 种。

根据必需矿质元素在植物体中所占的比例,可以将其分为大量矿质元素和微量矿质元素两类。

大量必需矿质元素是指植物需求量较大、含量占植物体干重的 0.1% 或以上的矿质元素,包括氮、磷、钾、钙、镁、硫 6 种;微量矿质元素是指植物需求量很少、含量一般占植物干重 0.01% 或以下的矿质元素,包括铁、硼、锰、锌、铜、钼、氯、镍 8 种。微量元素的需求量甚微,但若缺乏,植物则不能正常生长,若过量则引起毒害。

有些元素虽不是所有植物的必需元素,但却是某些植物的必需元素,如硅是禾本科植物的必需元素。还有一些元素能促进植物的某些生长发育,被称为有益元素,常见的有钠、硅、钴、硒、钒、稀土等元素。

2. 必需矿质元素的主要生理功能及失调症

植物必需矿质元素的生理功能包括一般生理功能和各种矿素的具体生理功能。失调症指由于缺少或过多使用矿质元素,使植物形态发生的不良变化。

(1)必需矿质元素的一般生理功能。必需矿质元素在植物体内的一般生理功能具有普遍性含义,概括起来有四点:①植物细胞的组成成分,如 N、P、S、Ca 等;②作为酶、辅酶的成分或激活剂等,参与或调节酶的催化活性,从而调节植物的生长发育。大量元素和微量元素都有这一功能;③起电化学作用,如渗透调节、胶体稳定和电荷中和等,如 K、Ca、Mg、Cl 等;④参与能量转换及促进有机物质的运输和分配,如 P、K、B 等。

(2)各植物必需矿质元素的主要生理功能及失调症。

一是钙(Ca),植物吸收钙的形式为 Ca^{2+},植物从土壤中吸收 $CaCl_2$、$CaSO_4$ 等盐类中的钙离子。其主要生理功能为:钙是植物细胞壁胞间层中果胶酸钙的成分;钙离子是生物膜骨架卵磷脂分子中磷酸与蛋白质羧基间联结的桥梁,具有稳定膜结构的作用;钙可与植物体内的草酸形成草酸钙结晶,消除过量草酸对植物的毒害;钙对植物抗病有一定作用,低钙可引起植物多种生理病害;植物细胞质中存在多种钙结合蛋白、钙调节蛋白,其中一种酸性蛋白质(钙调素 Cam)与 Ca^{2+} 有很高的亲和力,与 Ca^{2+} 结合成 Ca^{2+}-Cam 复合体在植物体内具有信使功能,与细胞内外信息传递、植物的定向生长等相关。

缺素症状:由于钙在植株内不能转移,缺素症状首先出现在生长点及其他幼嫩组织上,如根尖、顶芽和幼叶等。缺钙时,细胞壁分解,组织变软,胞内和维管组织中积累褐色物质,影响运输,表现为顶芽坏死,叶缘向上卷曲枯焦,上部叶尖常呈钩状、变形、缺绿,根系生长差,常常变黑并腐烂,植株生长缓慢。严重缺钙会引起许多蔬菜、水果的生理病害,如大白菜干心病、番茄和辣椒的脐腐病、芹菜的黑心病、果实的顶腐病、苦痘病、水心病、裂果病等。

大多数土壤含有丰富的钙元素,但钙在土壤和植物器官中极易形成不溶性钙盐等沉淀物,难以吸收和流动运输,常因局部供钙不足出现缺素症。钙集中分布在老叶和组织中。

过量症状:钙过量会影响植物对硼、锰、铁、锌等的吸收,导致植物落叶,树势衰弱。另外,土壤中钙过量会造成土壤 pH 升高而呈中性或碱性,对适宜生长在偏酸性土壤中的植物有较大影响。

二是镁(Mg),植物吸收镁的形式为 Mg^{2+},以离子状态进入植物体。镁元素在植物体内一部分形成有机化合物,一部分以离子状态存在。

其主要生理功能为:镁是形成叶绿素分子的重要元素,主要存在于叶绿体中,参与光合作用中光的吸收、光能与电能之间的能量转换;镁是核酸、蛋白质、碳水化合物等有机物代谢过程中许多酶的活化剂。镁能促进氨基酸的活化,有利于蛋白质的合成,镁能活化磷酸激酶,可促进碳水化合物的合成和相互转化;镁还促进一些维生素的合成,如维生素 A 和维生素 C。在叶片衰老脱落时,镁会移动到种子、果实等贮藏器官中去。

缺素症状:缺镁时,植物从老叶开始脉间叶肉失绿变黄,且边缘和叶尖叶肉首先变黄,叶脉仍保持绿色;使植物生长缓慢,严重时,禾本科植物叶基出现斑点。双子叶植物叶片出现褐色或紫红色斑点,甚至整个叶片坏死。由于镁在植物体内易移动,缺镁症状首先出现在下部老叶上。土壤中钾肥施用过多,也会影响植物对镁的吸收而导致缺镁。

过量症状:镁与钾和钙存在拮抗作用。酸性土壤中,镁过剩易导致缺钾、缺钙。碱性土壤中,镁过剩会影响植物对硼、锰、锌的吸收,导致缺硼、缺锰和缺锌。

三是硫(S),植物吸收硫的形式为 SO_4^{2-}、根从土壤中的 NH_4SO_4、K_2SO_4 等盐类中吸收 SO_4^{2-}。

其主要生理功能为:硫是胱氨酸、半胱氨酸和蛋氨酸等的组成元素,这些含硫氨基酸能合成蛋白质,在植物体内分布均匀,所以硫也是原生质的构成成分;硫是酶、辅酶和维生素的组成元素,如固氮酶、辅酶 A、铁-硫氧还蛋白、硫氧还蛋白、硫胺素、生物素等,它们参与植物体内多种氧化还原代谢的过程,促进植物体内有机物的合成和能量的转化。

缺素症状:硫为不易移动元素,缺硫时,幼叶首先失绿,叶片包括叶脉均匀变黄或变黄白色,易脱落。植株生长缓慢,绿色变淡。

过素症状:土壤中硫元素过量,会使土壤酸化,从而对植物根系造成损伤,以及影响根系对矿质元素的吸收。

四是铁(Fe),铁元素主要以 Fe^{2+} 或以螯合物形式被植物吸收。铁元素进入植物体内处于被固定状态,不易移动。

其主要生理功能为:铁在植物体内含量很少,但铁影响叶绿素的合成,也是铁-硫氧还蛋白、细胞色素氧化酶、过氧化物酶、过氧化氢酶等的组成元素,在光合、呼吸等许多生化反应中起电子传递和能量转换的重要作用。

缺素症状:铁缺素症首先出现在幼叶上。植物局部叶肉开始发黄,后逐渐由黄转白,称"黄化病"。严重缺铁时,叶脉也变成黄色,植株上部叶全部变黄。我国北方土壤多偏碱,缺铁较严重。

过量症状:一般不会出现铁元素过量的情况。如果铁过剩,会影响磷和锰在植物体内的移动。

(3)植物缺素症的诊断。植物缺乏某元素,在形态上发生的不正常变化,称为缺素症。缺素症严重时还会导致器官、植株死亡。植物出现缺素症状时,应根据矿质元素的生理作用和缺素症状等及时进行诊断。

导致植物形态出现不正常的原因很多,如:缺乏和过量施用矿质元素、病虫害、药害、土壤气候等环境因素、植物本身的机械伤害等。对近两年来的植物生长状况及药肥施用情况也应做调查记录,实际进行诊断时,对这些方面进行综合分析,作出正确的结论。如果单通过观察形态、综合分析,则难以下结论,此时可通过以下三个步骤予以确认。

第一,形态分析诊断。通过形态观察及各方面综合分析后,初步确定植株可能缺乏的元素。

第二,化学分析诊断。对初步判定缺乏的元素进行化学分析。一般以出现症状的部位为材料,通过仪器和化学方法检测该元素含量,并与该元素的标准值(或该元素在正常植株相似部位的含量)进行对比。如果该元素在病株内的含量明显比标准值低,则这种元素可能就是导致植株生长不良的原因。可同时对土壤中该元素的含量进行测定,以协助缺素症的诊断。

第三,加入诊断。根据以上方法初步确定植物缺乏该矿质元素后,对植株补充施用该元素,经过一段时间的生长后,如果症状消失,则可确定缺乏该元素。大量缺乏矿质元素可采用土壤施肥的方法加入,微量元素可采用根外追肥的方法进行补充。对于较大面积的作物,可先在小面积上试验,待确定正确结果后,再大面积补充施用。

(二)植物对矿质元素的吸收与利用

1.植物细胞对矿质元素的吸收

植物细胞对矿质元素的吸收分为主动吸收、被动吸收、胞饮吸收。其中,主动吸收是植物细胞吸收矿质元素的主要方式。

(1)主动吸收。主动吸收是指矿盐逆电化学势梯度进入细胞内的过程,需要消耗细胞代谢能量。电化学势梯度是指电势梯度和化学势梯度。化学势是浓度的函数,可用浓度梯度代表化学势梯度。离子扩散由离子浓度引起的化学势梯度和所带电荷引起的电势梯度两者所决定;不带电荷的分子扩散主要由质膜内外该分子浓度差引起的化学势梯度所决定。一般离子和分子的浓度起决定作用。植物体内的矿盐离子浓度通常高于土壤溶液中的离子浓度,因此主动吸收是植物吸收矿盐离子的主要方式。

离子或分子如何能够逆着电化学势梯度从细胞外跨膜转移到细胞内的

问题,至今尚未完全解决,目前比较公认的是载体蛋白假说。这种假说认为组成质膜的蛋白质中有一种专门运输物质的活性跨膜蛋白,称为载体蛋白,又称为运输酶或透过酶。这种载体蛋白能够识别质膜外细胞和植物生长所需要的物质,并与之结合形成复合体。在能量的推动下,复合体旋转$180°$,将物质释放到细胞内,然后载体蛋白与物质亲和力变弱,将物质释放到细胞内。如此循环,可不断吸收矿盐离子和尿素等小分子物质。载体蛋白具有专一性,只能和一种或一类物质结合并将其转移到质膜内侧,因此主动吸收具有选择性。载体蛋白在质膜上有许多种类,所以不同的离子得以进入质膜。

(2)被动吸收。被动吸收是指矿盐顺电化学梯度通过扩散作用进入植物细胞内的过程,不需要消耗代谢能量。扩散方式有两种:自由扩散和协助扩散。自由扩散为矿盐离子或小分子通过膜磷脂双分子层扩散进入细胞的过程;协助扩散是小分子物质通过浓度梯度激活膜上的转运蛋白,由转运蛋白协助进入细胞。如果细胞所处外液中某离子或分子的浓度大于细胞内该离子浓度,则外液中的离子通过两种方式顺着浓度梯度向细胞内不断扩散,直至平衡。被动吸收矿盐和其他物质,对植物往往是有害的,如盐碱地中,盐碱离子进入根系细胞,使根系细胞水势降低吸收不到水分,使植物由于生理干旱而难以生存。

2. 植物根系对矿质元素的吸收

(1)根系吸收矿盐的部位。根系是植物吸收矿盐离子的主要器官。根系吸收矿盐的主要部位与吸水一样,在根尖的根毛区。生长区虽然也能吸收矿盐,但是吸收面积小,离导管又远,所以不是主要部位。有了周皮的老根已失去吸收能力,因此植物根尖集中分布区域应在树冠冠缘垂直投影内外。较大的树侧根分开角度大,应在冠缘和主枝枝缘垂直投影内外,施肥时应注意施用部位要靠近这些区域,大树尽量用放射状施肥。

(2)根系吸收矿盐的特点。植物根系对离子吸收的选择性表现在两个方面:①对同一溶液中的不同矿盐离子吸收具有选择性,这与植物生长所需有关。如禾本科植物较多选择土壤中硅的吸收,而茄子、番茄等茄科植物较多选择土壤中钙、镁离子吸收;多数植物生长前期,较多选择氮离子吸收,而中后期则较多选择磷、钾离子吸收,对有些元素虽溶液中含量较高却极少吸收。②对溶液中组成同一矿盐的不同阴阳离子间的吸收具有选择性这也与植物生长所需有关。如土壤追施$(NH_4)_2SO_4$肥时,根系选择吸收NH_4^+的量较多,土壤中 SO_4^{2-} 和 H^+ 增多,导致 pH 下降,土壤变酸,这类盐称为生理酸性盐。当施 $NaNO_3$ 时,根系吸收 NO_3^- 量多,土壤中 Na^+ 和 OH^- 增多,pH 升高土壤变碱,这类盐称为生理碱性盐。而施 NH_4NO_3,根系对 NH_4^+ 和 NO_3^- 的吸收量相当,土壤 pH 基本不变,这类盐称为生理中性盐。生产上要注意不要长期施用单一肥料,以免引起土壤偏酸或偏碱,影响作物的生长。

单盐毒害和离子拮抗作用。将植物培养在单一盐溶液中,植物会受到毒害,出现生长不良以致死亡的现象称为单盐毒害。通常,不同化合价离子间拮抗作用较显著,而同价离子间拮抗作用不明显。如用 Ca^{2+} 或 Ba^{2+} 能很好地拮抗 K^+ 或 Na^+ 引起的单盐毒害,而 Na^+ 和 K^+ 之间、Ca^{2+} 或 Ba^{2+} 之间则基本无拮抗作用。

(3)根系吸收矿质元素的过程。根系吸收矿质元素的过程分为以下三步:

一是矿盐离子到达根吸收区域。土壤中的矿盐离子首先要到达根尖吸收区域才能被吸收。其到达根尖部位的主要途径为:①根尖存在的部位直接和矿盐离子接触。②矿盐离子随灌溉水和雨水等流动到根尖部位。③土壤中的矿盐离子从浓度较高的地方扩散到浓度较低的根尖吸收区域。

二是到达根吸收区域的矿盐离子通过离子交换,吸附到根细胞表面。根表层细胞呼吸放出的 CO_2 溶于水生成 H_2CO_3,H_2CO_3 可解离出 H^+ 和 HCO_3^- 离子,这些离子由于根细胞内原生质胶体具吸附作用被吸附在质膜的表面。土壤中的矿盐离子和质膜表面吸附的 H^+ 和 HCO_3^- 进行竞争性吸附,即发生离子交换吸附,又称为等荷同价交换。如 H^+ 和 K^+ 之间、HCO_3^- 和 NO_3^- 之间可交换吸附,而 Ca^{2+} 可交换 2 个 H^+。具体的交换方式又有两种:①根表层细胞与土壤溶液中的离子进行交换吸附。细胞表面的离子进入土壤溶液,土壤溶液中的离子被吸附到根细胞表面。②接触交换。根表面吸附的离子和土壤胶粒吸附离子接触时,可直接发生离子间相互交换吸附现象。

三是吸附到根细胞表面的矿质离子进入根导管。吸附在根表层细胞表面的离子进入根导管有两段距离,其一从根表层细胞到内皮层;其二从内皮层到根导管。矿盐离子可通过主动吸收和被动吸收跨膜直接进入根表层细胞内,然后通过细胞间相贯通的胞间连丝进入木质部薄壁细胞,最后再通过木质部薄壁细胞释放到导管中去;再是矿盐离子可直接通过外皮层和中皮层的细胞壁和细胞间隙占据的质外体自由空间到达内皮层,并吸附在内皮层细胞膜表面,由于内皮层细胞的细胞壁上有木栓化的凯氏带或马蹄形细胞封闭,在此矿盐再跨膜进入内皮层细胞内,经胞间连丝最后进入根导管。后一种方式由于通过共质体到达导管的距离短,受的阻力小,更快速。

进入根导管中的离子在蒸腾拉力和根压的作用下,随水流运输到地上部分各个器官。矿盐跨膜时,质膜对吸收的矿盐离子种类及数量进行选择控制。

(4)影响矿质离子吸收的环境因素。

一是土壤温度。在一定温度范围内,根系吸收矿质元素随土温升高而加快,温度过高或过低,吸收速度都会下降。温度适当升高,可促进呼吸作用和作物生长代谢,根主动吸收矿盐量增多;温度过高会使细胞膜受伤害,酶钝化,并使根老化减小吸收面积;过低则降低酶的活性,原生质黏度增加,离子透过膜的阻力也会增大,从而降低矿质的吸收。如土温大于 30℃ 时,小麦幼苗吸收钾离子的量大幅度下降。

二是土壤通气状况。土壤因有机质少而板结或含水量过多时,造成根系少氧高二氧化碳,根系的呼吸和生长会被抑制,对矿质元素的吸收必然降低。

三是土壤溶液浓度。土壤溶液中某矿质元素浓度较低时,根吸收此矿素会随溶液中其浓度的升高而增加,但超过一定界限根系吸收速度不再增加,因植物生长所需此矿素已满足。膜上转运该矿的载体蛋白数量有限,此时已经运载饱和。如果过度施用此矿素肥只会造成浪费,还会引起土壤溶液浓度过高,导致"烧苗"现象发生。生产上应注意控制施肥量,根据生育期不同,确定好不同阶段土壤最缺乏的元素,分次按需要量施肥,如生长前期主要施氮肥,中后期施磷、钾肥,秋季施足基肥。

四是土壤酸碱度(pH)。pH 值对根系吸收矿质有直接影响,也有间接影响。pH 值直接影响原生质的带电性,从而影响根对离子的吸收。当 pH 偏酸时,根细胞原生质带正电荷,有利于根对阴离子的吸收;相反,当 pH 偏碱时,有利于植物对阳离子的吸收。

土壤 pH 的间接影响在于通过影响矿盐的溶解度来影响根对矿素的吸收,偏酸时有利于释放土壤中被固定、吸附的矿盐离子,能满足植物对离子的需要,但由于土壤中矿素可溶性程度增加,易随水流失,土壤易贫瘠化。土壤酸性太大时,Al、Fe、Mn 等矿素溶解度增大,可引起植物中毒;而在碱性环境下,Fe、Ca、Mg、Cu、Zn 等元素易成不溶态,难被植物吸收利用,易患缺素症。

此外,pH值还通过影响土壤中微生物的活性,而影响植物对矿质的吸收。一般在pH低时,根瘤菌易死亡,豆科植物失去固氮能力,易缺氮素;而在pH较高时,反硝化细菌活跃,使硝态氮转化为氨态氮从土壤中放出,土壤氮素减少。

一般植物最适宜生长的pH范围为6~7,可生长的范围为4~8。

影响土壤中矿质离子吸收的因素除以上主要因素外,还有一些其他因素。如有些离子之间存在着相互抑制和相互促进的关系;土壤中一些有毒物质毒害根系,会降低或停止根系对矿盐的吸收,如土壤施入未腐熟的有机质,微生物活动时会产生抑制根呼吸的硫化氢、有机酸、Fe^{2+}等还原性物质,抵制根的呼吸、生长,引起根的腐烂,从而降低根对矿素的吸收,生产上应加以注意。

3. 植物地上部分对矿质元素的吸收

把含植物必需矿质元素的速效肥料配制成一定浓度的溶液,喷施于植物地上部分的施肥方法称根外追肥,因叶片为主要吸收部位,又称为叶面追肥。

矿质元素可通过叶片角质层和气孔进入叶片细胞内部。角质层有裂缝,呈微细的孔道,矿质元素进入孔道后,穿过细胞壁上的外连丝到达细胞膜,跨膜进入细胞内。因为水分子有表面张力,叶面追肥时,如果加入少量的展着剂和渗透剂(平平加、吐温、有机硅、洗衣粉等),可降低水的表面张力,增加溶液渗透能力,使矿质溶液更好地进入气孔和角质层内,也可减少矿液从叶面上滚落。

通常,植物叶片下表皮角质层比上表皮角质层薄,幼叶比老叶角质层薄,溶液通过时的阻力较小,更易吸收矿质营养,生产上应注意尽量喷施在容易进入的部位。叶面追肥应当选择在清晨或傍晚进行,可避免烧叶、烧苗。生长季节喷施各种矿素,浓度一般不超过0.5%。

与土壤施肥相比,根外施肥有以下优点:

(1)肥效快。叶面施肥,矿质元素可直接从叶面进入叶内,经历路途和时间短。

(2)利用率高。一些矿质元素,如Fe^{2+}、Ca^{2+}、Mn^{2+}、Cu^{2+}等,易被土壤固定或流失,根外施肥可减少这部分浪费,特别适合以上微量元素的补充。

(3)可在植物旺盛生长期需矿素多,幼苗期与生长发育后期根系吸收能力低时,及时进行矿质营养补充。

根外施肥也有不足之处,如对禾本科等叶片角质层较厚的作物效果差;

施肥浓度低,效果不明显,施肥浓度稍高,易造成叶片伤害;有效期短,易受雨水冲刷等。因此叶面追肥对矿素只起补充作用,不能取代土壤施肥,解决根本问题还需要多施有机肥和配方施肥。生产上,常配合病虫防治进行叶面施肥,省工省时。

4. 矿质元素在植物体内的运输及利用

(1)矿质元素的运输形式及运输途径。在植物体内,通常金属元素以离子的形式进行运输;非金属元素以离子或小分子有机物的形式运输;根吸收的 NH_4^+ 的全部和 NO_3^- 的大部分在根内转化为小分子有机物(氨基酸和酰胺)后向上运输,少部分以 NO_3^- 的形式运输至叶绿体再还原为 NH_4^+;磷酸盐主要以无机离子形式运输,少量在根内合成的有机化合物向上运输,如磷酰胆碱、ATP、ADP、AMP、6-磷酸葡萄糖、6-酸果糖等;硫主要以 SO_4^{2-} 的形式,少量以含硫氨基酸的形式运输。

根系吸收的矿质元素向上运输主要是通过根、茎中的木质部。进入木质部导管后,随蒸腾流一起上升,也有一部分顺浓度差在植物体内扩散。叶片吸收的矿质营养在叶内被利用后,剩余的部分主要通过韧皮部向下运输,也有一部分横向运输至木质部,再向上运输。

(2)植物对矿质元素的利用和再利用。矿质元素运输到植物体各部位后,大部分参与体内有机物合成,如氨基酸、蛋白质、核酸等。不参与形成有机物的矿质元素仍以离子形式存在。

有些元素参与形成的化合物不稳定,可分解释放出离子转移到其他部位,再一次被利用;而以离子形式存在的元素可被植物不断地重复利用。这两类元素都称为植物体内易移动、可再利用元素,如氮、磷、钾、镁等;有些元素参与形成的化合物稳定,不能移动和分解,不能被再次利用,称为不易移动、不可再利用元素,如钙、硼、铁、锰、硫等。

可再利用元素优先供给植物生长代谢旺盛的部位,如生长点、幼叶、嫩梢、花、发育中的果实等。当这些部位缺乏这类元素时,植物会将老叶中的这些元素转移过去利用,其缺素症首先出现在老叶上;而不可再利用元素被运输到地上部分利用后,即被固定起来不再移动,所以这类元素的缺素症首先出现在幼叶上。植物成熟,叶片逐渐衰老时,会将所含的可移动矿素移动到种子、果实、根、茎中加以贮藏,因此作物应适当晚一点收割。对接近成熟的玉米、白菜等,可连根整株拔起,用土堆埋,由于叶、根中的易移动矿素和营养物质继续向果实、地上部分运输,可使籽粒继续增重、大白菜进一步生长卷心。果树冬季修剪最好在落叶后,也是这个道理。

矿质元素也可通过叶片或根系被排出体外,如在雨、雪天气,矿质被排出或淋洗到土壤中,可重新吸收利用,对矿质循环有一定的意义。

二、作物的合理施肥

(一)合理施肥的生理基础

1. 作物生育期不同,主要需肥种类也不同

任何作物生育前期主要是营养生长,而营养生长主要是合成蛋白质的过程,需要氮素合成的氨基酸。所以,在土壤充足施用有机肥的基础上,前期应以施用氮肥为主,以促进营养生长;当枝叶生长基本完成或果实开始膨大时,应以磷、钾肥为主,促进叶制造的光合产物输送到其他器官中去,促进器官发育和产量形成。豆科植物因根瘤菌形成后可以固氮,主要注重磷、钾肥的使用,仅在苗期施用少量氮肥。许多多年生果树或果树的早熟品种,生殖器官开始快速生长较早,应注意氮、磷、钾肥的综合供应,如葡萄、核桃等,春季可施用含氮高的复合肥。

2. 收获器官不同,主要施肥种类也不同

叶菜类作物,如白菜、菠菜、芹菜等,应以氮肥为主;以主要贮藏淀粉的块根、块茎为收获物的作物,如甘薯、马铃薯等,后期应增施钾肥,有利于淀粉的合成;油料作物籽粒对镁有特殊需要;番茄、茄子等茄科作物,果实发育需较多钙、镁肥。

3. 作物不同,需肥形态也不同

肥的形态、种类不同,对作物影响不同。水稻体内无硝酸还原酶,不宜施硝态氮而宜施铵态氮;对烟草来说,硝态氮易于可燃性有机酸的形成,而铵态氮易于挥发性芳香物质的形成,所以烟草施用 NH_4NO_3,成品烟叶易燃且具芳香味;而棉花、苘麻等可适当施氯肥,因氯可促进纤维形成;此外马铃薯和烟草等忌氯,因氯可降低烟叶的可燃性和马铃薯的淀粉含量,所以用草木灰做钾肥比氯化钾好。

4. 最小养分率和最大养分率

最小养分率也称木桶理论。决定植物产量的是土壤中那个相对含量最少的有效养分,称作物的最小养分率;最大养分率是指作物产量会随某种必

需矿素施入量的增加而提高,当达到一定的限度时产量最高,超过这一限度,产量不再升高,称最大养分率,因此肥料并不是盛的越多越好,而是最低的木板决定多越好。生产上要根据作物生长量施肥,如苗期作物小,应少施勤施,多年生果树应适当多施。根据李比希的养分归还学说,应根据产量组成成分中矿素的含量,施入相应矿肥以归还土壤,地力才不会衰退。

(二)作物合理施肥的指标

对作物进行合理施肥,只掌握作物需肥的一般规律还不够,还应掌握施肥的一些具体指标,一般有三个指标,即土壤指标、形态指标和生理指标。

1. 作物合理施肥的土壤指标

土壤矿养含量主要包括土壤矿质营养的总量和有效含量。矿质营养的总量是指土壤中某元素的总含量,有效含量是指总量中能被植物吸收利用的那部分矿素。可以通过仪器和化学分析的方法测定土壤中某矿质元素的有效含量,与标准值进行比较,以二者之间的差别为依据,进行合理配施基肥和追肥。

2. 作物合理施肥的形态指标

我国农民看苗施肥的经验很丰富,可根据植株的外部形态来判断施肥状况。形态指标是指通过观察作物的外部形态,与标准生长态相比较,而得出的作物对矿养的丰缺判断。外部形态主要包括作物的长相、长势和叶色。

如氮肥多,植物生长快,株型松散,叶长而披软。氮不足,生长慢,株型紧凑,叶短而直,因此可以把作物的长势、长相作为追肥的一种指标;叶色能灵敏地反映植物体内的营养状况。首先含氮量高时,叶色深绿,反之叶色浅黄。所以生产上常用叶色作为施用氮肥的形态指标。其次,叶色也能反映植物的代谢类型:叶色深,植物以氮肥代谢为主,营养生长旺盛;叶色浅,以碳代谢为主。如丰产小麦的叶色在返青、拔节、孕穗时可呈现出"青—黄—青"的交替变化,如果这些叶色变化发生改变,则说明肥效不足或过多。

3. 作物合理施肥的生理指标

生理指标是采用植物体营养状况分析的方法来确定植物体内矿素的丰缺状况,一般进行叶营养水平测定分析。测定分析内容主要有以下方面:

(1)叶片中营养元素的含量。可以测定叶片中各矿素的含量,确定是否施肥。临界浓度指作物获得最高产量时组织中营养元素的最低浓度。作物不同,生育期不同,不同元素的临界浓度不同,这种方法是研究植物营养状况较有前途的方法之一。

(2)酰胺和淀粉含量。作物吸收氮素较多时,剩余氮素会以酰胺的形式贮存起来,以避免氨毒害。通过测试,若叶内含有酰胺,则表示氮素充足;若不含酰胺,则说明氮素不足,需要施氮肥。

水稻、玉米等禾本科植物叶鞘内淀粉的含量和含氮量呈负相关。氮肥不足时,光合产物主要合成淀粉,淀粉会在叶鞘中积累,需要追施氮肥。

(三)作物施肥增产的原因与提高肥效的措施

1. 作物施肥增产的原因

合理施肥对增产的作用是间接的,它通过改善光合性能、调节植物的代谢和改善土壤环境,从而增加干物质积累而提高产量。

(1)促进光合作用,增加作物产量。合理施肥可增大光合面积,增加叶绿素含量,延长叶片的寿命,提高光合速率,降低有机物的消耗,从而提高作物的经济产量。此外,还能促进光合产物的运输和分配。

(2)调节代谢,调控作物的生长发育。因各种矿质元素对植物生长发育的作用不同,可结合栽培目标进行调控,以满足人们的需要。如蔬菜作物可通过氮肥的使用促进其营养生长;禾本科作物中后期可通过控制氮肥用量,增施磷、钾肥,促进生殖生长,使籽粒饱满。

(3)改善土壤环境,满足植物生长的需要。施用有机肥,能改良土壤结构,改善土壤中的水、温、气状况,有利于促进土壤微生物活动,加速有机质的分解和转化,提高土壤肥力,从而提高根系生长和吸收的能力。用含钙的生石灰能改良酸性土壤,石膏和硫酸亚铁能改良碱性土壤。

2. 提高肥效的措施

(1)控制灌水,调控肥效。若在施肥后及时进行灌溉,以水促肥,则能大大提高肥效。但有时肥过多,往往造成作物徒长,如果通过适当延迟或减少水分供应的方法限制作物对矿质的吸收,可达到以水控肥的效果。

(2)适当深耕,改善土壤环境。适当深耕,并结合增施有机肥,能够加厚土层,使其可容纳更多的肥料,并可促进土壤团粒结构的形成,改善土壤环境,促进根系生长,增大根系的吸收面积,提高作物对养分的吸收量,充分发挥肥效,促进作物生长。

(3)改进施肥方法,促进肥料吸收。表层施肥,虽然简单易行,但是肥料容易氧化分解、流失,浪费较大。应改表层施肥为适当深施,肥料流失少,供肥持久,还可促进根系向纵深生长。除土壤施肥外,还可根据实际情况采取叶面施肥,以提高肥效。

(4)改善光照条件,提高光合效率。作物枝叶只有在充分见光的情况下才能提高光合作用,促进矿质营养的消耗,从而达到施肥增产的目的。如果叶片不见光,那么施再多的肥也无用。因此,生产上要注意进行合理密植,果树要及时整形修剪,以保证株间、枝叶间通风透光,提高作物的光合效率,从而提高肥料的利用率。

第三节 植物的光合作用及其同化产物的分配

一、植物的光合作用

(一)光合作用的意义

绿色植物的光合作用是指植物的绿色细胞吸收光能,将二氧化碳(CO_2)和水(H_2O)合成有机物($C_6H_{12}O_6$,葡萄糖),并释放出氧气的过程。

光合作用的原料是水和CO_2,生成物是(CH_2O)和O_2,(CH_2O)代表合成的是以碳水化合物为主的有机物质。碳水化合物属糖类物质,包括单糖、双糖和多糖。

第一,合成有机物,蓄存太阳能。据估计,地球上每年通过光合作用约同化2.0×10^{14} kg碳,形成5×10^{14} kg有机物,其中,陆生植物占60%左右,水生植物占40%左右。植物与其他生命都是生物圈的成员,但植物是初级生产者,处于核心和基础地位,绿色植物合成的有机物是生命生存的物质基础,特别是人类的食物几乎全部直接或间接来源于光合作用,保证食物供应是人类面临的重大挑战,提高作物的光合作用和提高产量是解决这一难题的关键。

植物在合成有机物的同时,将光能转变为化学能,贮藏在有机物中。据估算,植物通过光合作用每年所同化的太阳能为3.2×10^{21} J。有机物所贮藏的化学能,是所有生命活动的根本动力源泉。目前,人类从事工农业生产以及日常生活所需要的主要能源,如煤、石油、天然气及木材等,也都是古代或现代植物光合作用所贮存的能量。

第二,保持大气中氧气和二氧化碳含量的稳定。生物的呼吸和各种分解、燃烧都吸收 O_2 释放 CO_2,地球上每秒钟要消耗大约 $107kgO_2$。如果以这样的速率计算,那么大气中的 O_2 在 2000～3000 年的时间里就会消耗殆尽,大量 CO_2 的产生也将导致全球性的空气污染和温室效应。然而大气中 O_2 和 CO_2 的量仍保持相对稳定,这有赖于绿色植物的光合作用,绿色植物可称为天然绿色的空气净化器。

(二)光合作用的部位——叶绿体及其色素

1. 叶绿体

(1)叶绿体的形态。叶绿体尤以叶肉细胞为最多,高等植物叶肉细胞中的叶绿体平均长径为 $4～10\mu m$,短径为 $2～4\mu m$,厚 $2～3\mu m$,常呈扁椭圆体形,一般每细胞中约含 $50～200$ 个叶绿体。叶绿体通常分布在细胞周缘,有利于接收光能及与外界进行气体交换。叶绿体可随细胞质作环流运动,也可随光照变化而运动,在强光照射下以窄面对光,在弱光照射下以宽面对光,以调控光能的大小、保护自身不受过度光强的损害。由于叶绿体中含有较多的叶绿素,所以叶绿体和叶片通常是绿色的。

(2)叶绿体结构。叶绿体是一个由双层膜围成的细胞器,内膜具有较强的选择透过性,只有经过严格选择的物质才能进入叶绿体内,以保证其内复杂的生化反应顺利进行。

内膜围成的腔内充满着水溶性液体,称基质(或称间质),是 CO_2 同化的场所。基质含有与 CO_2 同化相关的酶类、DNA 纤丝、核糖体、淀粉粒、油滴等。

基质中悬浮着一个由生物膜构成的膜系统,是由单层膜围成的类似囊状、被称作类囊体的许多小体组成。类囊体内也充满水溶性液体,由于类囊体多呈扁平片状,又称片层。许多个类囊体片层重叠在一起,称一个基粒,一个叶绿体内有十到几十个基粒,因其含较多的叶绿素,所以呈深绿色;还有一种贯穿在两个或两个以上基粒之间、不垛叠的较大类囊体称为基质类囊体,含叶绿素较少,呈浅绿色。由于基粒间由基质类囊体相联结,所以全部类囊体形成一个相互贯通的封闭系统。类囊体膜上附有叶绿体色素和光合链,是光能吸收、传递与转换的场所。由于光合作用的光反应阶段是在类囊体膜上进行的,因此类囊体膜也称光合膜。光合膜为光能转化过程中所发生的一系列复杂生化反应提供了广阔的场所。

(3)叶绿体的化学组成。据测定,叶绿体的化学组成中,水分为 75％～

80％,干物质为 20％～25％。在干物质中,蛋白质占 30％～50％,主要是膜蛋白和参加光合作用的各类酶蛋白;脂类占 20％～40％,是构成膜的重要成分,主要构成类囊体膜;色素约占叶绿体干重的 8％～10％,比其他部位色素含量高;矿质元素占 10％左右,起参与和调节光合作用的功能;淀粉、油滴等贮藏物质占 10％～20％。

2. 光合色素及其光学性质

(1)光合色素。在光合作用中,参与光能的吸收、传递及引起光能转换为电能的色素称光合色素。高等植物和大部分藻类植物的光合色素主要为叶绿素 a、叶绿素 b 和类胡萝卜素;许多藻类植物中,除叶绿素 a、叶绿素 b 外,还有叶绿素 c、叶绿素 d 及藻胆素。

叶绿体色素都不能溶于水,而易溶于丙酮、酒精、石油醚等有机溶剂中,所以可以用有机溶剂来提取绿色植物中的叶绿体色素。叶绿素是叶绿酸的酯,与碱可发生皂化反应,生成能溶于水的叶绿酸盐。由于保留有 Mg 核的结构,叶绿酸盐仍可保持叶绿素的绿色。

(2)光合色素的光学性质。

太阳光不是单色光,让光线透过三棱镜,它的可见光部分就会呈现出由不同宽度的红、橙、黄、绿、青、蓝、紫七种颜色的光带组成的连续光谱,称太阳光谱。光合作用对太阳光的吸收是对七种光均匀吸收,还是选择吸收,我们可让太阳光透过叶绿体色素的提取液后再通过三棱镜,可观察到色素对光的吸收不是均匀吸收,因吸收后形成的光谱只在局部出现暗带,这一光谱称光合色素的吸收光谱。

胡萝卜素和叶黄素主要吸收 400～500nm 的蓝紫光,且在蓝紫光部分吸收范围比叶绿素宽。它们基本不吸收黄光,所以其溶液呈黄色。

植物在长期的进化过程中,为获取光能进行光合作用,尽量调节本身所含色素的种类和数量来适应各种光照条件,如阳生植物叶片中叶绿素含量较高,可充分吸收太阳直射光中较多的红光,阴生植物叶片中含类胡萝卜素较多,可吸收散射光中较多的蓝紫光,而深海中的蓝藻和红藻吸收的则是上层绿色植物几不吸收的橙光和绿光。

叶绿素溶液在透射光下呈绿色,而在反射光下呈红色,这种现象称荧光现象。反射光是吸收后又释放的光,这之间存在着能量的消耗,所以放出的光一般是波长较长的红光。去掉光源后,叶绿体仍呈微弱红光,称磷光现象。磷光比荧光存在时间长,消耗能量较多,波长较长,而强度只有荧光的 1％,用仪器才能测到。荧光现象与磷光现象说明叶绿素分子能吸收光能成为激发状态,并能以光的形式放出能量,这是叶绿体色素吸收、传递光能并能引起光化学反应须具备的基本光学特性。在活的植物绿色细胞中,由于色素吸收的光能用于光化学反应,所以看不到大田作物有荧光现象的发生。

3. 叶绿素合成及影响合成的条件

(1)叶绿素的合成。高等植物叶绿素的生物合成是以谷氨酸和 α-酮戊二酸为原料。合成可以分为两个阶段:第一个阶段,先合成 δ-氨基酮戊酸(ALA),由 δ-氨基酮戊酸经过一系列复杂的生化反应合成叶绿素的前身物质——无色的原叶绿素酸酯;第二个阶段,原叶绿素酸酯在光下照射 2H 被还原,成为绿色的叶绿素。叶绿素 b 由叶绿素 a 转化而来。

(2)影响叶绿素合成的条件。

一是光照。光是形成叶绿素必不可少的条件,因无色的原叶绿酸酯需在光下才能还原为绿色的叶绿素。黑暗中生长的植物因其中只含无色的原叶绿酸酯而成黄白色。缺乏光照或其他某些条件而影响叶绿素的形成,使叶子发黄的现象,称黄化现象。生产上常用于遮光培育的有韭黄、蒜黄、葱白等,因黄化部位机械组织不发达,肉质鲜嫩。但光太强形成有害的自由基,叶绿素会被氧化、降解、去镁等,对叶绿素形成也不利。松、柏、莲子胚芽等无光照条件也能形成叶绿素,其合成机理尚不清楚,推测这些植物中含有可代替可见光促进叶绿素合成的物质。

二是温度。叶绿素合成需经过一系列酶所催化的生化反应,因此有温度三基点。其形成的最适温度约为 20~30℃,最低为 2~4℃,最高为 40℃左右。温度过高、过低均抑制其合成,且会引起已有叶绿素的降解。

三是氧气。缺氧会抑制叶绿素的合成,促进叶绿素的分解。所以涝害缺氧气时,叶子常表现出黄色褪绿现象。

(三)光合作用的生理指标

1. 光合速率

光合速率是指单位时间、单位材料(单位叶面积或单位绿色部位质量),植物通过光合作用所吸收 CO_2 的量或释放 O_2 的量,常用单位有 $\mu mol CO_2/m^2 \cdot s$、$CO_2 mg/dm^2$。一般方法所测的光合速率实际上是光合与呼吸之差,称净光合速率(Pn)或表观光合速率。

通常所称的光合速率,一般指净光合速率。CO_2 吸收量可用便携式光合测定仪测定,干物质积累量可用改良半叶法测定。高产水稻可达 $CO_2 25\mu mol/m^2 \cdot s$,小麦为 $CO_2 7\sim 23\mu mol/m^2 \cdot s$,棉花高产可达 $CO_2 28\sim 34\mu mol/m^2 \cdot s$。以干物质积累衡量:大多 C_3 植物平均为 $DW20\sim 40mg/dm^2 \cdot h$;$C_4$ 植物则平均为 $DW50\sim 80mg/dm^2 \cdot h$,最高可达 $DW150\sim 180mg/dm^2 \cdot h$。如玉米平均为 $DW60mg/dm^2 \cdot h$,稻麦平均 $DW20mg/dm^2 \cdot h$。当然随栽培技术的提高,光合速率会不断提高。

2. 光合生产率

光合生产率又称净同化率,指植物在较长时间(数日、数周、数月或整个生育期)内,单位叶面积生产的干物质量,常用 $DWg/m^2 \cdot d$ 表示。一般植物的光合生产率平均为 $DW4\sim 6g/m^2 \cdot d$,有的可达 $15\sim 20g/m^2 \cdot d$ 或更高。它通常比光合速率稍低,因为还要减去夜间呼吸的消耗。

3. 光合势

光合势是指在单位土地面积上,作物生长期内进行光合生产的叶面积与日数的乘积。常用单位有平方米/日·公顷($m^2/d \cdot ha$)或平方米/日·亩($m^2/d \cdot 666.7m^2$)。作物、品种不同,则叶面积系数不同,光合势差别较大。如茶园覆盖度大、生长旺盛的成龄茶树,其群体一年中的光合势可达110 万 $m^2/d \cdot 667m^2$;小麦高产群体在适宜密度、氮磷钾肥适量配施下,全生育期总光合势可达到 $21\times 10^4\sim 22\times 10^4 m^2/d \cdot 667m^2$。在适宜的范围内,光合势与产量呈显著正相关。

(四)光合作用机理

光合作用主要在叶绿体的类囊体和基质中进行。在类囊体上进行的反应需要光的直接参与,而在基质中进行的反应不需要光的直接参与。据此,我们可以把光合作用整个过程划分为光反应和暗反应两个阶段。

第一,光反应阶段。光反应阶段根据能量的转换过程又可分为两步,第一步:光能的吸收、传递与转换,又称原初反应;第二步:电子的传递和光合磷酸化。在高等植物中,光反应阶段主要是由两个串联的光系统,质子与电子的供体、传递体及受体共同组成的光合链来完成,存在于类囊体膜上能完整完成光反应的最小单位,称为光合单位。

光能的吸收、传递与转换——原初反应。这一过程主要由中心色素(P)和聚光色素组成的光系统完成。光能的吸收、传递由聚光色素完成,每个光系统有 300 个左右的聚光色素围绕一个中心色素组成。

电子的传递与光合磷酸化。植物进行电子传递和光合磷酸化的类型主要有三种:①非循环式电子传递和非循环式光合磷酸化这种类型是高等绿色植物光能吸收转化的主要方式;②循环式电子传递和循环式光合磷酸化;③假非循环式电子传递和假非循环式光合磷酸化

第二,暗反应阶段——CO_2 的同化。在暗反应阶段,植物利用同化力将 CO_2 同化为稳定的碳水化合物,进一步把 ATP 和 NAD-PH＋H^+ 中活跃的化学能转化为碳水化合物中稳定的化学能,供生命较长时间的利用。

(五)光合作用的影响因素

1. 影响光合作用的内部因素

(1)植物种、品种和砧木。在同样条件下,不同植物光合速率不同,这是由其遗传特性决定的。一般情况下,树木光合速率低于农作物,针叶树低于阔叶树,常绿树低于落叶树,C_3 植物低于 C_4 植物。

同种植物不同品种间光合速率也不同。如苹果短枝品种高于普通品种 $10\%\sim20\%$,农作物杂交种,光合速率明显较高。

用不同砧木嫁接的植物光合速率也不同,短化砧木可提高光合速率。生产上应培育、选用良种。

(2)叶片。一般情况下,光合速率随叶龄增长会出现"低—高—低"的规律,呈单峰曲线变化。

叶片质量是决定叶片光合能力的重要因素。它包括叶绿素含量、叶片的厚度、栅栏组织与海绵组织的比例、比叶重等,如果这几项数值相对较高,则光合速率较高。比叶重是指单位面积叶片的重量,在适当的范围内一般与光合速率呈正相关。

(3)光合产物的输出。光合速率也受供需关系调节,需求量大时,会促进叶片光合速率。当去掉一部分花果时,其附近功能叶中由于光合产物的积累,会对光合速率进行反馈抑制,叶片光合速率下降;反之,去掉部分叶片,剩余叶片光合产物输出增多,则会提高叶片的光合速率。

2. 影响光合作用的外部因素

(1)光照。光合作用的过程是贮存光能的过程,所以光照是影响光合作用的关键因素。

光照强度为单位时间内辐射到单位面积上的光量子数,即光量子通量密度,生产上常用单位为勒克斯,可用照度计直接测出。

(2)CO_2。CO_2是植物光合作用的原料,环境中CO_2浓度的高低直接影响光合产量。

植物光合作用时吸收CO_2量很大,一般作物每天每平方米叶面积要吸收约$20\sim30g$的CO_2,即每天每亩$40\sim60kgCO_2$。作物要高产,只靠空气中CO_2的浓度或浓度差造成的扩散远远不够,应加大空气流动速率或增施CO_2,生产上要求田间通风良好,主要原因之一就是为加大空气流速,充分利用空气中的CO_2。

(3)温度。CO_2同化过程中,一系列复杂的生化反应是有酶催化进行的,必然会受到温度的影响,有最低、最适、最高温度,称光合作用的温度三基点。在最高、最低温度时,植物不能进行光合作用,在最适温度时植物光合速率最高。大多数温带C_3植物进行光合作用的温度范围为$10\sim35℃$,最低温度为$0\sim2℃$(热带植物为$5\sim7℃$以下),最适温度为$20\sim30℃$,在$35℃$左右光合开始下降,$40\sim50℃$即停止;C_4植物温度三基点相应比C_3植物都高。

(4)水分。水也是光合作用的原料。但光合作用所需的水只占植物吸水量的1%左右,水大部分用于植物的蒸腾作用,因此,水对植物光合作用的影响是间接的。缺水对植物光合作用的影响主要表现为:使植物出现萎蔫现象,萎蔫使气孔变小甚至关闭,影响CO_2进入叶内,也减少光合面积;使光合产物输出减慢,因产物要溶于水中才能运输,并且缺水促进细胞中淀粉水解为可溶性糖,这些物质的积累会对光合作用产生反馈抑制,如小麦在萎蔫状态下,光合作用只有正常植株的$35\%\sim40\%$;光抑制较强。

二、植物同化产物的分配

(一)植物体内的有机物质

有机物质是指光合作用的直接产物以及由直接产物经过转化、衍生出的初级代谢产物和次生物质,又称同化产物。

初级代谢产物及产生初级代谢产物的物质通过体内代谢再度合成,便衍生出次生代谢物质。次生代谢物质主要有三类:酚类、萜类和含氮次生物,除少数分子较小的物质外,一般不再参与代谢活动,是代谢的最终产物,对植物繁育后代、防御天敌起着重要的作用。有些次生物质是植物生长发育所必需的,如萜类中的类胡萝卜素、赤霉素,酚类中的木质素、花色素苷、单宁,含氮次生物中的生物碱等。

(二)植物体内有机物质的运输

1. 有机物运输的途径

植物体内的有机物经常要进行细胞内和细胞间的短距离运输,以及器官之间的长距离运输。例如,叶片制造的有机物要运输到果实、种子中,开始和最后都要进行几微米到几毫米的短距离运输,中间须通过输导组织进行数厘米至上百米的长距离运输。

(1)短距离运输。短距离运输一般开始在有机物质进入专门输导组织之前,在细胞内及细胞间的运输。

胞内运输是指主要通过扩散和原生质流动等形式在细胞内进行的物质交换。胞间运输是指通过质外体、共质体或交替途径等进行的细胞间物质运输。有机物在质外体中运输速度很快;细胞与细胞间的共质体运输主要通过胞间连丝实现,在紧密相邻的细胞之间同化物运输速率共质体大于质外体,因为它不需要跨双层膜运输,阻力小;大多数情况下两条途径是通过传递细胞交替进行的,传递细胞又称运输细胞,存在于维管束附近,在源、输导组织、库三者之间起快速装卸同化产物的作用。传递细胞的细胞核大、细胞质浓厚、线粒体多、细胞壁向内突起,与周围细胞间有发达的胞间连丝相联结,这些特点都说明其有充足的能量和较大的接触面积协助有机物的运转。

(2)长距离运输。除根部合成的少许含氮有机物、激素、可溶性糖类等沿木质部向上运输外,高等植物有机物的长距离运输几乎全部是由韧皮部的筛管和筛胞完成的,这已通过环剥和同位素示踪试验得到证明。

环剥试验是研究物质运输的经典方法。环剥是将木本植物的茎干剥去一圈树皮(其中包括韧皮部)的一种处理方法。

环剥后经过一段时间,环剥部位以上枝叶照常生长,而环剥的上端切口处由于同化产物经过韧皮部向下运输时受阻,在环割切口上端处积累,皮部膨大,有时形成瘤状物。如果环剥不宽,过一段时间,愈伤组织可以使上下树皮再连接起来,恢复有机物向下运输能力;如果环剥主干过宽,环割口的下端又无一定的枝叶,时间一久根系就会饥饿而死。

环剥处理在果树生产中经常应用。例如,对旺长的苹果、枣等树体的主干和旺长枝基部在开花和花芽分化期进行适度环剥,可提高地上部糖分含量,升高 C/N,有利于提高坐果率,促进花芽分化,控制徒长。在进行扦插和压条繁殖时,可在剪离母株前,对枝条的欲生根部位进行环剥,过一段时

间后再进行扦插和压条

2. 有机物运输的方向和速率

有机物在韧皮部中可进行上、下双向运输(但同一筛管中未发现双向运输现象)。冠部产生的内源生长素,主要沿韧皮部从形态学的上端向下端运输,即所谓极性运输;而无机营养及根部合成的细胞分裂素等则在木质部向上运输,而在韧皮部中向下运输。韧皮部和木质部中的有机和无机营养,也可在筛管和导管间进行横向运输,但量较少。

有机物的运输速率,是指被运输的物质在单位时间内所移动的距离,通常以 cm/h 表示,一般为 20~200cm/h。不同种类植物或植物生长的不同阶段,运输速率不同。例如,同位素示踪法测得,大豆为 84~100cm/h,柳树约 100cm/h,南瓜幼龄时较快,约 72cm/h,老龄时则慢,为 30~50cm/h,蜡熟小麦为 107~200cm/h,甘蔗速率高达 270cm/h。稻、麦同化产物向籽粒中运输最快的时期为开花后 10 天左右。

同化物运输具有选择性,并可逆浓度梯度进行,需消耗能量,为主动过程。

3. 有机物运输的形式

一般来说,典型的韧皮部汁液样品其干物质含量占 10%~25%,用蚜虫吻刺法和同位素示踪法等实验证明干物质中主要成分是糖类,蔗糖占 90% 以上。蔗糖成为糖和脂肪运输的主要形式,其主要原因为:①蔗糖溶解度较高(0℃时,179g/100mL 水);②蔗糖是非还原糖,分子小、移动性大,在化学性质上较还原糖(主要是单糖)具有较好的稳定性,运输速率较高;③蔗糖中含有较高的水解自由能,运输效率高。这些特性都有利于长距离运输,可以提高运输效率。此外,在某些植物(如苹果、樱桃、南瓜、榆树等)的韧皮部中也发现有棉籽糖(三糖)、水苏糖(四糖)和毛蕊花糖(五糖)、山梨醇糖等,这些糖也是非还原糖。蛋白质等有机含氮物在韧皮部中的运输形式主要是氨基酸、酰胺和肽类,氨基酸主要是谷氨酸、谷氨酰胺、天冬氨酸、天冬酰胺等,不同物质间含量差别较大,从 0.03%~15% 不等。其他还含有矿质元素离子、少量维生素、核苷酸、内源激素、酶类等,矿质离子中 K、Mg 含量较高。

(三)植物体内有机物的分配

1. 植物体内的"代谢源"与"代谢库"

"代谢源"简称"源",是指能合成并能输出同化产物的组织和器官,主要是指合成大于自身消耗、有同化产物输出的叶片,这样的叶片又称功能叶;"代谢库"简称"库",是指消耗和贮藏同化产物的组织与器官,主要是植物的果实、种子、块根、块茎等。源、库可相互转化,如叶片在幼小时要从其他部位汲取营养物质长大,此时为库;成叶后有了有机物输出,便转化为源。种子的子叶、胚乳在种子成熟过程中贮存有机物为库,但在种子萌发的过程中,为胚提供营养成为源。源、库可相互促进,源的同化和输出能力强,库的生长和发育快、质量好、产量高,而库的数量和容量大,也促进源的同化和输出。如小麦受精后,半个月左右旗叶中约有 45% 同化产物运到幼穗,若去掉幼穗,则旗叶 15 小时内光合速率会降低一半。

2. 有机物的分配规律

合成的有机物在向其他器官运输分配时,是不断变化的、动态的,但都遵循一定的规律和原则,主要有以下方面:

(1)优先运向生长中心。生长中心也是营养分配中心,是指植物细胞分裂、生长、发育最旺盛的部位。植物一生中生长中心在不断变更,前期中心为营养器官:根、茎、叶,特别是根、茎先端具有顶端优势。茎、叶争夺营养的能力又大于根,所以生产上,在植株长到一定的大小时,要控制水分,抑制茎叶的生长,促进根系生长,这一措施称为"蹲苗";后期为生殖器官:花、果实、种子,果实、种子争夺养分的能力又比花强,因此,当植物体内养分不足时,首先会引起落花落蕾现象,严重缺乏养分时才会引起落果。

在作物生产中,要实现"高产优质",就要在必要的时候采取措施让收获的器官处于生长中心。果树栽培中的拉枝、摘心、扭梢、利用植物生长延缓剂等都是为抑制营养器官的顶端优势,使生殖器官成为生长中心。棉花、葡萄、西红柿等花果共存时间较长的植物,要注意加强肥水供应,以免由于营养竞争,出现落花现象,影响后期产量。如棉花生产要重施花铃期肥,保证不同生殖器官对肥料的需要,延长收获时间。

(2)就近供应。源的同化产物首先运输给自己附近的库。一般上部叶片供应给植株上部的库器官;中部叶片供给上、下邻近自己的中部库器官;下部叶片供给下部库器官和根系。

生产上要注意保护好花果附近的功能叶,如果花果附近叶片少,果实小、质量差会造成花果的脱落,因此要注意疏花疏果,保证一定的叶果比。禾本科植物穗下的旗叶摘掉,会严重影响穗重;苹果要生产一级果,叶果比要达到 25:1 以上;而葡萄要生产 500g 重的优质果穗,其附近需有 40 片以上质量好的功能叶。花果附近的库源充足,果实发育有足够的营养供应,则花芽和营养器官质量好,便能稳产优质,克服"大小年"现象的出现。

(3)纵向同侧运输。一般情况下,叶制造的有机物(无机物也是如此)主要供给同侧的叶、花、果和根系,很少横向运输,只有当另一侧叶片严重缺乏同化物时,才会发生横向运输,这是由输导组织的纵向分布引起的。如向日葵等在花盘刚出现时,去掉一侧的叶片,则同侧的籽粒就不能很好地发育;果树一侧缺乏叶片,同侧的根系便发育不良。因此,生产上要注意通过加强栽培和整形修剪等措施,维持作物和树体结构的平衡。

叶片一旦长成,就会成为功能叶,有光合产物向外运输,便具有相对的独立性,不会再接受外来同化物,直到最后衰老死亡,如给功能叶遮黑处理,也不会有同化物输入功能叶。一般来说,运到库中的光合产物可以再重新分配利用,如豆类、稻麦等作物在生殖器官快速生长前,大量光合产物首先贮藏在豆荚、叶鞘和茎中,待果实、种子快速生长时,便再转移到它们中去;果树叶片衰老时,叶中部分营养物质和矿质元素会回流到根、茎等部位进行贮藏,所以生产上,作物要达到一定的成熟度再收获,果树大枝最好在落叶后再进行修剪。

(四)影响有机物运输与分配的因素

1.温度

在适当的温度范围内,同化产物的合成和运输速度随温度的升高而加快,但有一个最适温度范围。温带 C_3 作物有机物运输的最适温度在 25℃左右,低温时,呼吸低产生能量少,有机物质黏度又加大,增加运输阻力,如供给西红柿功能叶 $^{14}CO_2$,温度保持在 30℃左右,叶片内 $^{14}CO_2$ 同化产物输出率最大;若温度降至 20℃以下,$^{14}CO_2$ 同化产物输出率明显下降。夏季日照长,35℃以上持续高温会抑制运输,主要原因如下:植物呼吸过高,消耗增加;植物体内缺水,地上部分萎蔫,输导组织不畅通;细胞结构受损等。

2.水分

生命离不开水。水是各种代谢的反应介质,有机物必须溶解在水中才能进行运输和分配。干旱缺水时,叶片中的光合产物难以运出,反馈抑制光合速率,同时植物细胞为避免失水,通过升高水解酶的活性,提高可溶性糖类浓度,降低水势。这导致反馈抑制的加强和呼吸速率的升高,加大了光合产物的消耗,有时已形成的产量也会分解掉,所以干旱地区作物果实小,籽粒不饱满。生产上,保证作物对水分的需要是获得丰收的必备条件,特别是叶片中光合物质大量向果实、种子等库器官运输时,如禾谷类作物在灌浆和乳熟期,苹果、梨等果树在果实迅速膨大期,土壤水分充足可以加速灌浆,使穗粒重和产量显著提高,但籽粒成熟期前一段时间,要适当控水才可促进有机物运输和籽粒成熟,因为水分占有籽粒内部空间。

3. 矿质元素

影响同化物质运输与分配的元素主要有磷、钾、硼。磷是细胞膜和遗传物质核酸的重要组成成分,也是高能物质 ATP 的成分。ATP 能活化单糖、氨基酸等参与重要有机物的合成,磷酸能与叶绿体中的磷酸丙糖交换运出到细胞质中合成蔗糖,所以磷含量高时有利于同化产物运输,特别在作物后期追施磷肥有利于作物籽粒饱满;钾主要是促进淀粉的合成,禾谷类作物在好粒灌浆期,薯类植物在块根膨大期施用钾肥有利于籽粒、块根的形成,同时钾有助于库、源间膨压差的形成,促进蔗糖、氨基酸等向库运输;硼能促进蔗糖的合成,并能和糖结合形成络合物,络合物容易透过质膜,促进运输。棉花花铃期喷施硼,能促使同化物质向幼蕾、幼铃中运输,显著减少蕾、铃的脱落。Mg 参与形成叶绿素,又是 RuBP 及 PEP 羧化酶的激活剂,所以 Mg 能促进光合作用,同时 Mg 也是磷酸激酶的活化剂,能激活葡萄糖、氨基酸等合成有机物,因此,Mg 也是促进有机物合成和运输的重要元素。

第四节 植物的呼吸作用及其在生产中的应用

一、植物的呼吸作用

(一)植物呼吸作用的生理意义

呼吸作用和生命是紧密联系在一起的,呼吸作用在植物生活中的生理意义主要归纳为以下三个方面:

其一,呼吸作用为植物的生命活动提供能量。生物体生命活动所需要的能量,最终来源于光合作用合成的有机物中所贮存的太阳能。有机物中贮存的能量要转变为被生命所利用的形式,必须经过呼吸作用来实现。在呼吸作用过程中,有机物被分解,释放出的能量一部分转变为热能散失,另一部分转化为高能化合物分子中活跃的化学能。活跃的化学能是生命可利用的能量形式,其中 ATP 是最重要的高能化合物,也是最重要的能量载体。

其二,呼吸作用为植物体内重要有机物质的合成提供原料。光合作用产生的有机物质主要是糖类,而构成生命的有机物质除糖类外,还需要蛋白质、脂类、核酸等有机质。呼吸过程中产生的许多中间产物可以合成这些物质。例如,有氧呼吸的中间产物磷酸丙糖可以形成甘油,乙酰 CO_2 可合成脂肪酸,二者可合成脂肪;呼吸中间产物丙酮酸、ot-酮戊二酸、草酰乙酸等和 NH_3,可合成各种氨基酸,进而合成蛋白质;磷酸戊糖途径中产生的核酮糖可以合成核酸,核酸是重要的遗传物质。可以说呼吸作用是植物体内物质代谢和能量代谢的中心枢纽。

其三,呼吸作用可以提高植物的抗逆与抗病能力。植物在生长发育过程中经常受到恶劣环境及细菌、真菌、病毒等病原微生物的伤害,如果生长健壮、呼吸旺盛,就会分解病原微生物及其产生的毒素,同时产生较多的能量,使抗逆与抗病能力大大加强。植物呼吸作用产生的中间产物还可合成抗逆和杀菌物质,加强不良情况下的保护作用,如在严寒、高温等恶劣环境中,产生脱落酸(ABA)、抗性蛋白;在组织器官受到伤害时,合成木质素、木栓质等使伤口愈合;在受到病原微生物侵害时,合成绿原酸、咖啡酸、生物碱、醌类等杀灭和抑制病原微生物。在作物育种中,呼吸作用旺盛的品种,抗逆与抗病能力强。

(二)呼吸作用的主要部位——线粒体

呼吸作用的部位是细胞质和线粒体。糖酵解和磷酸戊糖途径主要在细胞质中进行,但有氧呼吸中主要的脱氢反应、放出 CO_2 和释放能量是在线粒体中进行的,所以线粒体成为呼吸作用的主要场所。线粒体存在于所有真核生物的生活细胞中,是存在于细胞质中的一种重要细胞器,人们形象地称其为生命活动的"发电机"。

植物体细胞内的线粒体。线粒体一般呈短棒状或圆球状,在光学显微镜下可见,但要在电子显微镜下才能看到其更细微的结构。线粒体直径一般为 0.5～1.0mm,长 1.5～3.0mm。

(三)呼吸作用的指标及影响因素

1.呼吸作用的指标

(1)呼吸速率。呼吸速率是衡量呼吸强弱的主要指标,是指在一定温度下,单位质量(干重或鲜重)材料,在单位时间内通过呼吸作用呼出二氧化碳的量或吸收氧气的量。

通常,对于叶片、发芽种子、块根、块茎、果实等植物器官测定其呼吸速率,用放出的 CO_2 多少来衡量,可用"广口瓶滴定法"(小篮子法)或用红外线 CO_2 气体分析仪测定;而细胞、线粒体等微部位的呼吸速率则用氧电极和瓦布格检压计等仪器测定其耗氧量来衡量。

(2)呼吸商。呼吸商又称为呼吸系数,是指同一植物组织在一定时间内所释放的 CO_2 与所吸收的 O_2 的量(体积或摩尔数)的比值。

2.影响植物呼吸作用的因素

(1)内部因素。影响呼吸作用的内部因素主要有以下方面:

植物种类不同,呼吸速率也不同。植物的呼吸速率一般与其原产地生态环境及生长速率有关。生长快的植物呼吸速率高于生长慢的植物,早熟品种比晚熟品种呼吸速率高,柑橘比苹果高很多,浸种发芽时玉米种子比小麦种子呼吸速率高出近 10 倍。

同一植株不同器官和组织,呼吸速率也有所不同。一般幼嫩组织和器官因原生质含量高,处在分裂、生长旺盛时期,其呼吸速率高,如根尖、茎尖、形成层、浸种后的种胚等;生殖器官比营养器官呼吸速率高,如花比叶高 3~4 倍。而生殖器官中雌、雄蕊的呼吸速率又比花瓣、萼片高,特别是雌蕊呼吸速率最高,可比花瓣高 18~20 倍;受伤组织高于正常组织。

同一器官在不同的生长发育时期呼吸速率也不同。呼吸高峰出现时,果实食用品质最好,过此高峰,品质下降,且不耐贮藏。因此,这些果实要延长贮藏时间,应采取措施抑制呼吸高峰的产生。呼吸高峰的出现与果实贮藏期间产生的内源激素乙烯的量有关,当乙烯量达到 0.1mg/L(0.1PPm)以上时,就可刺激果实的呼吸作用,使跃变型果实的呼吸高峰提前,促进衰老。而乙烯的产生与环境中 O_2、温度有很大的关系,当环境温度降低到 2~5℃,O_2 含量降到 3%~6%时,乙烯产生少,呼吸高峰便不会出现。也可用脱氧剂和乙烯吸收剂降低环境中乙烯的浓度。总之,原生质含量高、生长快的植物、器官和组织呼吸速率较高。

(2)外部因素。影响呼吸作用的外在原因比较复杂,主要有以下因素:

一是温度。呼吸作用是由一系列酶促反应完成的,酶的活性必然受到温度的影响。温度对呼吸的影响存在三基点,即最低点、最适点和最高点。温度低于和高于最低点、最高点时,植物会停止形态上的生长;而呼吸的最适温度是指达到呼吸最高速率并保持稳态时的温度。植物不同、植物所处的生理状态不同,三基点也不同。

接近 0℃ 时,大多数植物呼吸只维持内部基本的代谢,而形态不再生长。实际上,大多数温带植物,最低温度可维持在比 0℃ 低得多的范围内,其下限约为 −10℃ 耐寒植物的越冬器官,如树木的冬芽和松柏的针叶,在 −20～−25℃ 时,仍有呼吸;但在夏天旺盛生长季节,温度低于 −4～−5℃ 时,松柏的针叶就不能忍受低温而停止呼吸,可见植物所处的生理状况不同,其最低温度有很大的差异。

植物呼吸作用的最适温度约为 30～40℃,随所处高温环境时间的延长,其最适温度会逐渐下降。植物呼吸作用的最适温度比光合作用的最适温度高,因此当植物处于呼吸最适温度时,会促进呼吸,抑制光合作用,对植物健壮生长和有机物的积累极为不利。

呼吸作用最高温度一般为 40～55℃。最高温度时,植物细胞膜、原生质、细胞器及酶的活性等都会受到损坏,呼吸作用会急剧下降。

二是水分。对于植物器官来说,其呼吸情况比较复杂。干燥的植物器官,如植物干燥的种子、干果等,呼吸很低,但当其吸水后呼吸会迅速增加;而含水量高的肉质器官,如水果、块根、块茎等,随本身含水量及所处环境湿度的降低,呼吸反而升高,因为这些器官在失水时,为保持自身的水分,会通过分解自身的物质,如淀粉、脂肪转化为可溶性糖,增加自身细胞液的浓度以降低水势,而可溶性糖是呼吸作用的基质,使呼吸升高,所以肉质器官贮藏在干燥的环境中或受干旱接近萎蔫时呼吸速率有所增加,过一段时间后,可溶性糖逐渐减少至消耗殆尽,则呼吸速率会下降乃至停止。

三是氧气和二氧化碳浓度。呼吸作用离不开氧气,大气中氧气含量在 21% 左右,在此环境下植物为正常呼吸;低于 21% 后,植物呼吸开始下降,为缺氧呼吸。但在 10%～21% 范围内,植物的呼吸属有氧呼吸范畴,氧浓度过高,会抑制光合作用,使光呼吸升高,对植物有害,设施栽培光源充足时,要注意放风;氧浓度过低,无氧呼吸增强,时间一长,植物会受害而死亡。植物、器官不同,缺氧呼吸的本领不同,如水稻、根系缺氧呼吸能力就较强,水稻种子萌发时所需氧气仅为小麦种子的 1/5 左右,根系由于在土壤中,比其他器官能适应较低的氧浓度环境。但大多数农作物的根系要求土壤含氧量不低于 5%,透气不良的土壤含氧量仅为 2% 左右,根系不能正常呼吸和生长,导致植物的过早衰败和产量的严重降低。因此,生产上要注意改良土壤结构,以保证良好的通气状况。

二、呼吸作用在生产中的应用

（一）呼吸作用与农产品贮藏

农产品贮藏期要延长，就必须降低其呼吸速率，减少产品内有机物的消耗。

1. 呼吸作用与粮油种子贮藏

种子内部发生的呼吸作用强弱和所发生的物质变化，将直接影响种子的生活力和贮藏寿命。呼吸快时，消耗有机物多，且释放出水分和热量，反过来促进呼吸作用和微生物活动，会导致种子的霉变和变质。种子呼吸作用的强弱主要与种子的含水量有关，油料种子含水量为 7%～9%，淀粉种子为 12%～14%，呈风干状态。此时种子中的水为束缚水，又称安全含水量，不参与代谢活动，呼吸酶的活性降到最低，呼吸微弱，种子贮藏时间较长。

粮油种子的贮藏主要应注意四个方面：一是要干燥。充分把种子晾晒到风干状态，同时贮藏环境也要干燥、通风。二是要尽量保持低温环境。国家种质库在 −18℃ 的低温环境下，种子可保存 50 年不坏，但种子含水量高时处在低温条件下，则易受冻。三是进行适当气调。可适当增加环境中 O_2 含量和降低 O_2 的含量，如脱氧贮藏法，充氮贮藏法。在农村，种子大多放在密封的容器中贮藏，因为种子的呼吸会减少容器中 O_2 的含量，而升高 CO_2 的含量，自身便达到了气调的目的，称为"自体保藏法"。四是要防病虫害。我国自古至今都有种子"热进仓"的习俗，即在种子处于风干状态的条件下，在最后一个中午种子晒得很热时进入仓库或容器密封贮藏，利用种子的热量杀死病菌、虫卵。若种子贮藏时间较长，还应注意定期检查，定期复晒、通风、去湿。

2. 呼吸作用与肉质器官贮藏

肉质器官，如果实、蔬菜各器官、块根、块茎等含水量高，采收后仍然是呼吸较高的活体，且富含营养物质，器官表面保护组织保护能力较差，因此，延长贮藏时间比较困难。实际贮藏时，一般要采取避免病虫及机械伤害、控制器官水分散失、适当降低温度、控制空气成分四种措施来降低呼吸消耗，并尽量保持器官的新鲜状态和原有的食用风味。

(1)避免病虫及机械伤害。肉质器官采收前后易被病原微生物和虫卵侵染,特别是病原微生物的侵染难以观察,导致在贮藏期间大量腐烂变质,如桃褐腐病、苹果轮纹病等,所以生长季节要加强栽培管理,防止器官染病。有病害的地块采收前后要对器官进行杀菌处理,如苹果可在采前半个月对树冠喷洒 0.20%氯化钙加 1000 倍甲基托布津液,或倍量式波尔多液等,但要注意不能喷布绿色食品禁止施用的化学药剂。

肉质器官采收时,要尽量避免创伤和机械刺激。因植物组织受伤时,打破了酶与底物间隔,使某些细胞变为分生组织,也加强了和外界氧气接触,这些都会提高呼吸速率。虽然这能加强器官自身合成能力,促进伤口愈合,是植物对外伤的一种适应,但是由于呼吸消耗有机物质会大大降低贮藏时间。同时由于产生伤口,易滋生病菌,引起腐烂变质。所以,采收时要尽量保持采收器官的完整,轻拿轻放,戴手套避免指甲划痕,有虫口和病斑的器官要拣出。

(2)提高环境湿度,控制器官水分散失。肉质器官细胞中含水量高、水势高,一旦环境干燥水势低,器官中的水分就会大量散失到环境中,引起细胞内水解反应加剧,可溶性糖升高,从而使呼吸作用加剧,降低贮藏时间。因此,肉质器官贮藏时要尽量控制自身水分的散失,如提高环境湿度到85%~95%、对器官进行适当密封等。甘薯、马铃薯、大白菜一般在湿度较高的地窖贮藏,萝卜、胡萝卜等肉质直根类器官要埋在湿土中贮藏,板栗、银杏种子需埋湿沙贮藏。苹果、梨等水果套薄膜袋、装缸瓮等较封闭容器中或地窖、冷库中贮藏,主要原因之一就是为有一个较高湿度环境,以控制器官水分散失。

(3)适当降低温度。降低温度能降低呼吸酶的活性,推迟和减弱呼吸跃变的发生,降低呼吸消耗可延长贮藏时间。但肉质器官与粮油种子不同,其细胞活性高,温度过低会引起冻害,所以应适度降温,以不引起冻害为限。我国北方的大部分水果蔬菜,如苹果、梨、芹菜、菠菜等储藏低温多为 0~5℃南方大部分水果为 3~15℃,如香蕉贮藏适温为 11~14℃。有些休眠器官对温度要求较严格,如在保持贮藏相对湿度 90%左右条件下,甘薯安全贮藏温度须为 10~14℃,马铃薯须为 2~3℃,比温度范围低会产生冻害,比温度范围高又会使呼吸升高导致发芽。

(4)控制空气成分。增加空气中 CO_2 的含量,降低 O_2 含量可抑制呼吸作用。可用充入惰性气体 N_2 的方法降低 O_2 浓度达到保鲜目的。如苹果在含有 93%的 CO_2 环境中,在 4~5℃下,可贮藏 8~10 个月;而在自然空气中,0℃条件下,只能贮藏 5～6 个月。通常冷库贮藏温带果实,须在 0～1℃条件下,气体成分为:氧气 3%～5%,二氧化碳 3%～5%,相对湿度为 90%～95%。

肉质器官也可用"自体保藏法"进行环境气体调控。果实、蔬菜、块根、块茎呼吸较高,若环境比较密封,则进行呼吸作用时可消耗贮藏环境内的 O_2、增加了 CO_2,从而抑制呼吸作用。如哈尔滨等地利用大窖套小窖的办法,使黄瓜贮存期可达到 3 个多月,因这种方法既保证了肉质器官对环境温度、湿度的要求,又通过自身呼吸作用降低了环境内的 O_2 浓度、增加 CO_2 浓度。像白菜、甘薯、马铃薯等休眠器官,入窖前可进行 1～2 天适当的晾晒,使表面组织失水萎缩(大白菜还要用绳捆绑一下),这样在器官内部,一是水分不易散失,二是形成高 CO_2、低氧环境,也属"自体保藏法"的方式,贮藏时间大大延长。应注意肉质器官入窖前期,由于呼吸较高,温度又较高,氧消耗量大,容易引起贮存环境缺氧,进行无氧呼吸导致器官腐败变质,因此,前期窖口应开启,当气温降低,器官呼吸变缓时再逐渐封窖,其间也应定时放风。特别是人在入窖取拿时,要先进行放风换气,以防发生人员窒息等不测事故。近年来,入窖或入冷库前,为适应环境及降低呼吸,一般还需要进行预冷处理并用果品保鲜剂处理(蜡膜、脱氧剂、脱乙烯剂等)。

(二)呼吸作用与作物栽培

在作物栽培过程中,应通过调控管理措施使呼吸有利于作物、器官健壮生长发育。增施有机肥、深翻、排涝,可改善土壤通气条件,使根系生长、种子萌发时呼吸通畅;夏季炎热季节,土壤应及时灌溉,保持 60%～80% 的含水量,降低环境温度,从而降低大田作物的呼吸消耗;各器官在最适呼吸温度时,生长(如种子萌发、幼苗生长)偏弱,应控制环境温度适当低于最适值。设施栽培时,放风降温,加大昼夜温差,可降低呼吸消耗,提高产量。

第五章　植物生理活性物质及其开发应用

植物生理活性物质广泛存在于植物体内,在调节植物生长发育和环境适应性方面起着重要作用。本章重点研究植物生理活性物质中的多糖类物质及其开发应用、皂苷物质及其开发应用、类黄酮物质及其开发应用、膳食纤维物质及其开发应用、类胡萝卜素物质及其开发应用、花青素与原花色素物质及其开发应用。

第一节　多糖类物质及其开发应用

最常见的植物多糖为纤维素和淀粉。纤维素是植物中含量最为丰富的有机化合物,它是细胞壁的纤维原料,与木质素一同形成坚硬的细胞壁结构。淀粉是高等植物的贮存多糖,是为人类粮食和动物饲料提供能量的主要营养物质,淀粉的分解为种子萌发和生长提供了所需的主要能源。

植物多糖中的纤维素是一种 β-葡聚糖,由以 β-1→4 键连接的葡萄糖单位的长链组成,相对分子质量介于 100000~200000。淀粉则是以 α-1→4 键连接,也具有一些支链。

根据多糖是否容易溶于水,不同种类的植物多糖可大致分为两类:即可溶多糖和不可溶多糖。可溶多糖主要包括淀粉、菊粉、果胶及不同植物胶或黏液等;不可溶多糖通常是构成细胞壁的结构原料,而且与木质素紧密相连。除纤维素之外,大多半纤维素也属不可溶多糖,它包含大量多糖成分,主要有三类:木聚糖、葡甘露聚糖和阿拉半乳聚糖。

不同植物含有的多糖类型是不同的。在不同植物的细胞壁多糖中也可看出这种差异性。蕨草及裸子植物的细胞壁多糖通常含有较高的甘露糖含量。当然,有些细胞壁多糖则含有较高含量的阿拉伯糖和半乳糖。另外,不同藻类(海藻)之间的多糖组成也存在显著的差异。例如,褐藻、红藻及绿藻的多糖类型就存在显著的差别。典型的藻类多糖有琼脂、岩藻多糖及海带多糖。

一些植物多糖通常可作为食品增稠剂或乳化剂,特别是那些藻类来源的多糖,如琼脂、褐藻酸、卡拉胶、岩藻依聚糖等。那些不为人体所消化的植物多糖,都属膳食纤维范畴。20 世纪 70 年代,人们对膳食纤维给予了极大的关注,并认识到此类组分对人体健康的不可缺乏性,甚至把此类组分称为"第七大营养素"。

一、多糖的结构及理化性质

(一)淀粉

淀粉在植物种子、块根与果实中含量很多,如大米中含 70%~80%,小麦中含 60%~65%,马铃薯中约含 20%。淀粉是白色无定形粉末,没有还原性,同时不溶于一般有机溶剂。淀粉可分为直链淀粉和支链淀粉,经酸水解后最终产物都是 D-葡萄糖,为同聚多糖。直链淀粉和支链淀粉在结构和性质上有一定区别,它们在淀粉中所占比例随植物品种不同而不同,多数淀粉中直链淀粉与支链淀粉之比为(15%~25%):(75%~85%),而有些秆物如糯米、蜡质玉米几乎只含支链淀粉。

1. 淀粉的分子结构

直链淀粉主要是由 α-1,4 糖苷键相连而成的直链结构,相对分子质量为 $3.2 \times 10^4 \sim 1 \times 10^5$,相当于 200~980 个葡萄糖残基。线性糖链在分子内氢键的作用下,卷曲盘旋成螺旋状,每个螺旋约含 6 个 D-葡萄糖单位,此外,在主链上还有少数短分支。

支链淀粉是由 α-1,4 糖苷键联结成直链,此直链上又可通过 α-1,6 背键形成侧链,呈树枝形分支结构。

直链淀粉有极性,$1'$ 端为还原端,通常写在右面;$4'$ 端为非还原端,写在左面。支链淀粉具有多个非还原端,只有一个还原端。直链淀粉以 α-1,4 糖苷键连接,每个残基间形成一定角度,因而淀粉链倾向于形成有规则的螺旋构象。其二级结构呈左手螺旋,每个螺旋 6 个葡萄糖残基,螺旋内径约为 1.4nm,螺距为 0.8nm。

2. 物理化学性质

淀粉在植物细胞内以颗粒的形式存在,是淀粉分子的分子集聚。在冷水中不溶解,但在加热的情况下淀粉颗粒吸收水而膨胀,分散于水中,形成半透明的胶悬液,此过程称为凝胶化或糊化。凝胶化的直链淀粉缓慢冷却或淀粉凝胶经长期搁置,淀粉分子可借助分子间的氢键形成不溶的微晶束而沉淀析出,变成不透明甚至沉淀的状态。

支链淀粉由于高度的分支性,结构相对利于与溶剂水分子以氢键结合,因而易分散在凉水中,加热分散成黏性很大的胶体溶液,这种胶体溶液在冷凉后也非常稳定。

从结构上看,淀粉的多糖苷链末端仍有游离的半缩醛,但是淀粉链很长,游离的半缩醛羟基还原性一般情况下不显出来。直链淀粉形成的螺旋结构,易于含极性基团的有机化合物通过氢键缔合、失水结晶析出,在粮食淀粉液中,加入丙醇、丁醇或戊醇、乙醇,可使直链淀粉析出,而与支链淀粉分离。

淀粉很容易水解,与水一起加热即可引起分子的裂解,当与无机酸共热时,可彻底水解为 D-葡萄糖。在淀粉水解过程中产生的多糖苷链片断,统称为糊精,糊精可溶于凉水,有黏性,可制粘贴剂。工业上制造糊精是将含水量 $10\%\sim20\%$ 的淀粉加热至 $200\sim250℃$,使淀粉大分子裂解为较小的片断。

淀粉可与碘发生非常灵敏的颜色反应,直链淀粉呈深蓝色,支链淀粉呈蓝紫色。这是由于当碘分子进入淀粉螺旋圈内的中心空道,朝向内圈的羟基氧成为电子供体,与碘分子形成稳定的淀粉碘络合物,呈现蓝色。淀粉-碘络合物的颜色与淀粉糖苷链的长度有关,特征蓝色要 36 个葡萄糖残基(即 6 圈),支链淀粉的分支单位的螺旋聚合度只有 20~30 个葡萄糖残基,短链的淀粉分子吸收较短波长的光,呈紫色或紫红色。当链长<6 个葡萄糖残基时,不能形成一个螺旋圈,因而不能形成起成色作用的淀粉-碘络合物。糊精依相对分子质量递减的程度,与碘呈色由蓝紫色、紫红色、橙色以至不呈色。

淀粉在酸或淀粉酶的作用下被逐步降解,生成一系列分子大小不等的多糖中间产物,一般先生成淀粉糊精遇碘成蓝色,继而生成相对分子质量较小的紫糊精、红糊精,再生成无色糊精以及麦芽糖,最终生成葡萄糖。热的淀粉溶液因糖苷链螺旋伸开不成环状结构,因而与碘不形成蓝色的络合物,冷后恢复螺旋方显蓝色。

可采用酸水解、酶水解或酸-酶水解湿法加工淀粉,产生水解程度不等的产物。目前有大量的淀粉以工业化规模转化为糖浆,淀粉转化中以葡萄糖当量表示已水解的糖苷键的百分率。葡萄糖在 C_1 位置上有一个潜在的自由醛基,是一种还原糖,淀粉分子每水解一个 α-1,4 糖苷键和 α-1,6 糖苷键,就会有一个位于葡萄糖分子上的还原基释放出来,淀粉分解程度通常是以葡萄糖当量(DE)来表示。

$$DE(\%) = \frac{还原糖(以葡萄糖表示)}{淀粉干物质含量} \times 100 \qquad (5\text{-}1)$$

例如,将 α-1,4 和 α-1,6 键结合的葡萄糖链裂解成 10 个葡萄糖单位,测定其还原能力,除以总碳水化合物,得到的值将为 10%,代表纯葡萄糖当量(10DE)。淀粉分解时,随着 DE 增加,平均相对分子质量减小,同时产物的黏度下降,甜味增浓,冰点下降,渗透压增加。

淀粉水解 DE 为 20 以下的为低转化产品,其糖分主要组成为糊精;中转化糖浆 DE 为 38～40,是目前淀粉糖中产量最大的一种;高转化糖浆 DE 在 60～70 之间,葡萄糖和麦芽糖含量分别为 35% 和 40%,三糖和四糖 16.1%,糊精 12.2%。

使用葡萄糖淀粉酶生产高 DE 糖浆,DE 达到 92～95,含有高水平的葡萄糖。该酶既能水解 α-1,4 糖苷键,又能水解 α-1,6 糖背键。高 DE 糖浆较甜,几乎可完全发酵,产生较高渗透压的溶液。为了获得较高的甜度,使用葡萄糖异构将部分葡萄糖转化为果糖,得到 50% 葡萄糖、42% 果糖和 8% 低聚糖的高果糖玉米糖浆,其甜度相当于蔗糖(以干基计),但由于葡萄糖和果糖都是还原糖,因此高果糖浆较之还原糖蔗糖易于褐变。

3. 改性淀粉

天然淀粉经过适当处理,可使它的物理或化学性质发生改变,以适应特性的需要,这种淀粉称为改性淀粉,如可溶性淀粉、交联淀粉、磷酸淀粉等。

用多元官能团酶化的方法,使淀粉分子相互交联,产生的淀粉称为交联淀粉。交联淀粉有良好的机械性能,并且耐热、耐酸、耐碱。在食品工业中作为增调剂、赋形剂使用,在生化实验室中用作吸附剂。

磷酸淀粉是以无机磷酸酯化的淀粉,具有良好的黏稠性。低度磷酸酯化的磷酸淀粉用于肉汁、调和液、拌馅等,可改善其抗冻结-解冻性能,降低冻结-解冻过程中水分的离析。

(二)纤维素

纤维素是植物细胞壁结构物质的主要成分,是构成植物支撑组织的基础。纤维素含量占生物界全部有机碳化物的一半以上,如棉、麻,作物茎秆、木材等。纤维素是由 1000～10000 个 β-D-葡萄糖通过 β-1,4-糖苷键连接而成的直链同聚多糖,在植物体内起着支撑作用。

纤维素不溶于水、稀酸及稀碱,无还原性。在纤维素结构中 β-1,4 糖苷键对稀酸水解有较强的抵抗力;纤维素在浓酸中或用稀酸在加压下水解可以得到纤维四糖、纤维三糖、纤维二糖,最终产物是 D-葡萄糖。食物中的纤维素可以在人体肠胃道中吸附有机物和无机物,供肠道正常菌群利用,维持正常菌群的平衡,并能促使肠蠕动,具有促进排便等功能。草食动物消化道中存在的微生物可产生水解纤维素的酶,能利用纤维素作养料,将其降解为葡萄糖。自然界中某些真菌、细菌能合成和分泌纤维素酶,可利用纤维素作为碳源,如香菇、木耳的栽培。

(三)菊糖及其他多聚果糖

菊糖是一种大量存在于菊科植物中的多聚果糖,菊苣的根中尤多,为贮藏物质。菊糖由 D-呋喃果糖分子以 β-(2,1)糖苷键连接生成,每个菊糖分子末尾以 α-(1,2)糖苷键连接一个葡萄糖残基,聚合度通常为 2～60,平均聚合度为 10。菊糖溶于水,加乙醇便从水中析出,加酸水解可生成果糖及少量葡萄糖。其他许多植物如黑麦、小麦、燕麦、大麦等禾本科谷物,以及天门冬等植物根中也含有多聚果糖,与菊糖不同之处是链长、糖苷键不同,有的有分支。

(四)几丁质

几丁质又称为甲壳素或壳多糖,节肢动物外壳和昆虫的甲壳主要由壳多糖和碳酸钙所组成。此外,低等植物、菌类和藻类的细胞壁成分,高等植物的细胞壁等也含有几丁质。壳多糖是由 N-乙酰-2-氨基葡萄糖通过 β-1,4糖苷键连接起来的同聚多糖,结构与纤维素相似,只是每个残基上的 C_2 上羟基被乙酰化氨基取代。几丁质在医药、化工及食品行业具有较为广泛的用途,可以用作黏结剂、上光剂、填充剂、乳化剂,如作为药用辅料、贵重金属回收吸附剂、高能射线辐射防护材料等。

几丁质不溶于水、稀酸、稀碱及一般有机溶剂,可溶于浓无机酸,同时发生支链降解。几丁质经脱乙酰化反应转化成脱乙酰壳聚糖,具有许多独特的化学物理性质,根据其酰化、硫酸配化和氧化、接枝与交联、羟乙基化、羟甲基化等反应可制备成多种用途的产品,其应用涉及许多领域,在食品工业、医药、轻化工等行业应用广泛。壳聚糖对水有很高的亲和力和持水性,这对半干食品的保湿及保湿类化妆品有重要作用。利用壳聚糖的物理机械性能,可制成膜状、胶状、粉状物等,制作可食用膜,其可在水和热水中保持原状,适合固体、液体食品的包装。光聚糖的降解产物具有良好的生物相容性和生物降解性,可用于人造皮肤、手术缝合线与骨修复材料、抗凝血剂和人工透析膜、药物制剂和药物释放剂、酶固定化材料等。

(五)半纤维素

半纤维素是由多种糖基组成的一类杂多糖。半纤维素有些是均一多糖,有的则是混合多糖。半纤维素其主链上由木聚糖、半乳聚糖或甘露糖组成,具有阿拉伯糖或其他糖组成的侧链,大量存在于植物的木质化部分,如秸秆、种皮、坚果壳、玉米穗轴等,其含量依植物种类、植物部位、植物老幼而异。

半纤维素不溶于水而溶于稀碱溶液,在人的大肠内易于被细菌分解。木聚糖是半纤维素类中最丰富的一种,由吡喃木糖以 β-1,4 糖苷键连接而成链,聚合度为 150～200。木聚糖用 5% 的稀碱液提取,然后用乙醇沉淀析出,水解即得木糖,由玉米芯等原料制取木糖已经投入实际生产。半乳聚糖的聚合度约为 120,为 β-1,4 糖苷链。葡萄甘露聚糖是混合多糖型的半纤维素,由葡萄糖与半乳糖以 β-1,4 糖苷键随机构成。

(六)果胶物质

果胶物质是细胞壁的基质多糖,存在于植物细胞中胶层和初生细胞壁中,是构成高等植物细胞质的物质,起着将细胞黏在一起的作用,在果实如草莓、柑橘、胡萝卜、植物茎中最丰富。果胶的相对分子质量一般为 25000～50000,因来源而异。存在于植物体内的果胶物质一般有以下形态:

第一,果胶。原果胶经植物体内聚半乳糖醛酸酶(果胶酶)作用或稀酸提取处理可转变为水溶性的果胶,存在于植物汁液中,果胶的基本结构是 D-吡喃半乳糖醛酸以 α-1,4 糖苷键结合的长链或鼠李糖半乳糖醛酸,糖醛酸上的羧基有不同程度的甲酯化。

第二,果胶酸。果胶经果胶酯酶作用去甲酯化,转变为无黏性的果胶酸。

果胶在酸、碱条件下发生水解——去甲酯化和糖背键裂解;在高温强酸条件下,糖醛酸残基发生脱化作用。因为人体中消化道没有果胶酶,所以不能消化果胶。

果胶溶液是高黏度溶液,黏度与链长成正比。果胶在食品工业中最重要的应用就是它形成凝胶的能力,果胶是亲水物质,在适当的酸度(pH=3.0)和糖浓度下形成凝胶,果酱、果冻等食品就是利用这一特性生产的。

（七）琼胶

琼胶又称琼脂，是石花菜属及其他多种海藻所含的一种多糖胶质。琼胶主要由琼脂糖和琼胶醋组成。琼脂糖是以 β-1,3 糖苷键连接的 β-D-半乳糖和以 1,4 糖苷键连接的 α-3,6-内醚-L-半乳糖交替连接起来的长链结构；琼胶酯则是琼胶糖的硫酸酯衍生物；反之，如果含有较高硫酸基的琼胶酯含量高，则强度低。

琼胶吸水能膨胀，不溶于凉水而溶于热水，1％溶液在 35～50℃可凝固成坚实凝胶，熔点为 80～100℃，可反复熔化与凝固。琼胶不易被细菌分解，所以是微生物固体培养基的良好支持基料。琼脂糖胶是生化试验中做电泳实验的支持物之一。

琼胶不能为人体所利用。在食品工业中可用于果冻、果糕作凝冻剂，在果汁饮料中作浊度稳定剂，在糖果工业中作软糖基料等。

二、多糖类物质的生理功能

（一）功能性多糖的功能

第一，增强免疫力。真菌多糖、植物多糖、藻类多糖大多是一种免疫增强剂，能介导和调节宿主的免疫系统。不同种类多糖结构也不同，因而作用位点和作用机制也不同，表现的活性也千差万别。不同种类多糖复合使用，可能会出现协同效应。

第二，抗病毒活性。许多藻类多糖具有抗病毒活性，其中硫酸多糖已被证明是强抗 HIV 病毒物质，是多糖研究中的一个热点。

第三，抗凝血作用。肝素是高度硫酸酶化的动物多糖，与蛋白质结合大量存在于肝脏中。肝素具有强烈的抗凝血活性，临床上用肝素钠盐治疗血栓的形成。

（二）功能性低聚糖的功能

第一，改善肠道微生态环境。功能性低聚糖进入肠道后段可作为营养物质被肠道内的双歧杆菌和其他有益菌消化利用，从而使有益菌大量增殖，抑制有害菌及病原菌（如沙门菌等）的繁殖。调节和恢复肠道内微生态菌群的平衡，提高动物的抗病能力。减少有毒代谢物及有害细菌酶的产生，服用功能性低聚糖可降低病原菌的数量,对腹泻有防治作用。功能性低聚糖的摄入促进了短链脂肪酸的分泌。

第二,预防并减少心脑血管疾病的发生。功能性低聚糖属低甜度、低热量糖,不能被消化酶消化吸收,服用后不会提高血糖值。此外,低聚糖类似于水溶性植物纤维,能改善血代谢,降低血液中胆固醇和甘油三酯的含量。

三、多糖类物质的开发应用

(一)人参多糖的开发应用

人参多糖是从人参的根和叶中分别获得的4种水溶性多糖,具有复杂的、多方面的生物活性与功能。人参多糖与化疗药物合用不但能提高化疗药物的抗肿瘤活性,而且能降低其毒副作用。人参多糖还有抗辐射作用,能治疗各种原因引起的免疫功能低下的疾病,因此受到人们广泛的关注和重视。

(二)灵芝多糖的开发应用

灵芝含有多种有效成分,如多糖、多肽、核苷、甾醇类、生物碱类、呋喃衍生物和氨基酸等。灵芝中的有效成分主要为灵芝多糖和灵芝三萜类化合物。"灵芝多糖结构复杂、种类繁多,由于具有良好的生物活性而受到广泛关注。"[1]

第二节　皂苷物质及其开发应用

一、人参皂苷

人参的主要成分是人参皂苷。所谓皂苷是由甾体或三萜化合物作为苷元与糖缩合而成的一类低聚糖苷。皂苷在自然界分布很广,约一半植物乃至一些海洋生物中也含有皂苷,其溶于水时具有强烈的发泡作用。由人参

---

[1]　张汇,聂少平,艾连中,等.灵芝多糖的结构及其表征方法研究进展[J].中国食品学报,2020,20(1):290.

中分离出的皂苷主要有人参皂苷 Ro、人参皂苷 Ra、人参皂苷 Rb_1、人参皂苷 Rb_2、人参皂苷 Rb_3、人参皂苷 Rc、人参皂苷 Rd、人参皂苷 Re、人参皂苷 Rf、20-葡萄糖 Rf、20-葡萄糖 Rg_1、20-葡萄糖 Rg_2、20-葡萄糖 Rg_3 及 20-葡萄糖 Rh 14 种。

(一)人参皂苷的分离鉴定

人参的主要有效成分为人参皂苷,因此人们有必要对人参皂苷的含量进行测定,自 20 世纪 60 年代开始,国内外对人参皂苷分析方法进行了大量的研究,各种方法不断涌现,其中最主要的有比色法、薄层法扫描和高效液相色谱法等。利用这些实验技术和手段,人们可以十分方便地从人参中提取有效成分,进而对人参皂苷进行深入地分析。下面分别介绍人参皂苷分离与鉴定的实验操作方法。

第一,比色法。由于人参皂苷可与显色剂进行显色后在可见光区被测定,因此可用比色法。当需要在紫外区测定时,也可用紫外分光光度法进行测定。通常人们普遍用于人参皂苷分离提取的比色法有以下两种:

大孔吸附树脂-比色法。用大孔吸附树脂-比色法测定人参四逆口服液、参附注射液及生脉注射液等复方制剂中人参皂苷的含量。该方法操作简便准确,重现性好。此方法的优点在于当复方制剂中含糖量较高且有其他类似成分干扰时,可采用此方法排除干扰。

香草醛比色法。此方法适于含糖量高、加药成分复杂的产品分析。

第二,薄层扫描法。除了采用比色法,人们通常也使用薄层扫描法,同比色法的不同点在于它能够有效地分离去除干扰成分,使检测结果更加准确可信。

第三,高效液相色谱法。高效液相色谱法的优点是样品预处理简便、快捷,回收率高,重现性良好,高效率,分析方法灵敏、准确,测定结果令人满意,也可使近 10 种主要人参皂苷得到基线分离。

(二)人参皂苷的开发应用

第一,发展无农药残留、无重金属残留的人参制品。人参皂苷 Rh_2 口服对正常大鼠、犬的神经系统、呼吸系统、心血管系统无明显影响。其口服应用具有很高的安全性,可以作为功能食品或药品进行开发。

第二,单体化合物制剂也是一个发展趋势。由于单体皂苷作用不同,因此有必要制成单体皂苷制剂。现在已证明抗心律失常以人参皂苷 Re 和人

参皂苷 Rg_2 较强,抗肿瘤以人参皂苷 Rh_2 和人参皂苷 Rg_3 较强。在人参皂苷治疗难治性血液病及对造血相关基因的转录调控时,首次单用中药有效成分人参皂苷胶囊治疗难治性血液病、血小板减少性紫癜和再生障碍性贫血,其疗效明显优于现用的常规疗法。因此,单体化合物制剂有望开发成为高效、低副作用的新药。

二、红景天苷

红景天系景天科,属草本或亚灌木植物,别名大红七、大和七,藏语称"所罗玛波"。

红景天的主要有效成分有红景天苷、苷元酪醇、黑蚁素、藏红花醛。此外,尚含鞣质 18.07%、淀粉、脂肪、蜡、有机酸、蛋白质、黄酮类化合物、酚类化合物及微量挥发油,以及生物活性的微量元素(铁、铅、锌、银、锡、钴、钛、钼、锰等元素)。

目前,对红景天资源的深度开发已逐渐引起人们的重视,特别是在食品和医药行业得到了国内外人士的广泛关注。根据红景天的特殊保健属性,提取其生理活性成分,已成功开发出系列大众享用的红景天保健品(系列化妆品和保健食品),如方便即食的红景天面包、红景天面条、红景天保健酒、红景天保健饮料、红景天袋泡茶等制品。这些保健品不仅可以作为旅游(特别是登山、长途旅行)、休闲及日常保健之用,而且还可以消除疲劳、抵抗缺氧、增强活力,还可适用于特殊人群的营养保健要求,如长时间脑力、体力劳动者,运动量不足、精力不集中、易感疲劳者,神经衰弱、记忆力减退或需增强记忆力者。

第三节　类黄酮物质及其开发应用

一、类黄酮的基本结构

类黄酮又被称为黄酮类化合物,不仅具有抗菌、抗病毒、抗发炎、抗过敏及血管舒张作用,还具有抑制脂质过氧化、血小板凝集以及大量幅(包括环氧合解和脂肪氧合酶)的活性作用,而且可以改善毛细管的渗透性及脆性。

类黄酮所表现出的此类效果大都与其抗氧化性相关,作为自由基清除剂或二价金属离子的螯合剂而起作用。

类黄酮具有 $C_6\text{-}C_3\text{-}C_6$ 碳架的特征性结构,根据其中三碳链氧化程度、B环连接位置及三碳链是否成环等特点,可将主要的天然类黄酮分为:黄酮类、黄酮醇类、二氢黄酮类、二氢黄酮醇类、异黄酮类、二氢异黄酮类、查耳酮类、花色素类、双黄酮类等。

天然类黄酮几乎在 A、B 环上均有取代基;少数黄酮化合物结构较为复杂,如榕碱为生物碱型黄酮。天然类黄酮在植物体内只有少数以游离形式存在,多数与糖结合成苷的形式。人体中的黄酮包括异黄酮、黄酮、黄酮醇、二氢黄酮、二氢异黄酮、查耳酮、花色素等。

二、类黄酮的开发应用

近年来,类黄酮的研究与开发引起了全世界的关注。尽管类黄酮还需要不断研究,但是它所表现出来的诸多潜在效果已足够令人们对它刮目相看。人们期待它在预防诸多慢性疾病中发挥更大的作用,如心血管疾病及癌症。

(一)类黄酮在食品中的应用

第一,类黄酮植物资源在一般食品中的应用。类黄酮植物资源在一般食品中的应用,除了作为一种营养增强剂之外,它们还可用于防止一些不稳定色素(如各种类胡萝卜素化合物)的褪色。

类黄酮植物资源具有防止叶绿素等的褪色,如二氢查尔酮可作为一种高甜度甜味剂,替代其他一些甜味剂。如果它与其他甜味剂混合使用,则还具有改善甜味的作用。

第二,类黄酮在功能性食品中的应用。类黄酮植物资源在功能性食品中的最成功案例是茶叶来源的茶多酚,它的主要成分为不同儿茶素组分。它不仅是非常优质的天然抗氧化剂,可应用于诸多油脂的抗氧化,还具有很多的生理活性功能,可作为食品营养强化剂,甚至作为功能性食品的基料。

此外,柑橘、葡萄及银杏等来源的类黄酮化合物,都可用于功能性食品的开发,目前国内外市场都已有相应的产品出现。特别是作为天然色素的主要成分——花色苷,应用于食品中,不仅可以赋予食品一种额外的生理功能,还能弥补花色苷色素的一些不足之处,显示出很好的前景。

(二)类黄酮在医药中的应用

类黄酮在医药领域也有着广泛的应用,如蜂胶与红三叶草异黄酮。

第一,蜂胶。蜂胶中含有多种类黄酮,如金合欢素、异香兰醛、5 羟基-7,4-二甲基黄酮、5,7 二羟基-3,4-甲氧基黄酮、3,5-二羟基-7,4-ZZ 甲氧基黄酮、5-羟基-7,4-Zl 甲氧黄酮醇,具有抑制细菌和真菌的作用。

蜂胶对细菌和真菌有很强的抗菌作用,但对酵母菌不起作用,革兰阳性细菌和耐酸细菌对蜂胶的提取物最敏感。因此,蜂胶用于消炎有很好的效果,可用于治疗慢性喉炎、鼻炎、中耳炎、胃溃疡和胃炎等。另外,蜂胶软膏对烧伤、各种皮肤病、浸润性秃发、斑秃和皮肤结核等也取得了满意的治疗效果。

第二,红三叶草异黄酮。红三叶草异黄酮在预防和治疗动脉硬化、骨质疏松、更年期症状、癌症等方面得到了广泛应用。另外,随着对红三叶草异黄酮生理功能研究的不断深入,人们也在不断地扩大它的应用领域,如治疗肝脂质沉着症、胰岛素抵抗、血小板功能异常、X 综合征、血管功能异常等内科临床疾病、神经功能障碍、乙醇依赖性等方面。

第四节　膳食纤维物质及其开发应用

一、膳食纤维的基本组成

膳食纤维是自然界分布最广也是最重要的一类多糖。膳食纤维是几种多糖物质的总称。

多糖是一种天然产高分子化合物,是靠单糖分子中的羟基之间脱水缩合而成,以甙键(又称苷键)结合形成的高聚体。多糖类系指有较多葡萄糖分子组成的碳水化合物,分为以下两类:

第一类是能被人体消化吸收的多糖,包括淀粉、糊精、糖原。

第二类是不能被人体消化吸收的多糖,包括以下四类:

其一,纤维素。纤维素一般称粗纤维,化学结构与淀粉相似,有纤维二糖聚合物,以 β-1,4 键联结而成的直链聚合物,但不能被淀粉酶分解,因人体淀粉酶只对空间结构具有 α-1,4 键联结的淀粉起作用。草食动物能分解纤维素,因肠道内具有纤维素酶,人的大肠中也有少量细菌能发酵纤维素。纤维素是植物的支持组织。人类膳食中的纤维素只来自植物性食品。

其二,半纤维素。这类物质往往与纤维素共存,可用碱性溶液将其分开,常见的半纤维素包括戊聚糖、木聚糖、阿拉伯木糖及半乳聚糖,后者为己糖聚合体。另一类为酸性半纤维素,如半乳糖醛酸,葡萄糖醛酸,这类物质能在结肠中被细菌部分分解。

其三,木质素。由苯丙烷单体聚合而成,在植物木质化过程中形成,不是碳水化合物,人及动物均不能消化。

第四,果胶。果胶是被甲酯化到一定程度的多聚半乳糖醛酸。果胶类包括果胶原、果胶酸及果胶。果胶酸是未经酯化的半乳糖醛酸,果胶是被甲酯化至一定程度的多聚半乳糖醛酸,果胶原是植物中存在的果胶的天然形式,通过金属离子桥与多聚半乳糖醛酸分子残基上的游离羧基联结。果胶原在果胶酶作用下可以转变成果胶。果胶分解后可以形成甲醇和果胶酸。水果和一些蔬菜是果胶的最好来源,过熟和腐烂的水果及其酒类制品中含有较多甲醇。在食品工业中果胶多用作生产凝胶类食品。

以上的纤维素、半纤维素、木质素和果胶,合称为膳食纤维。

二、膳食纤维的生理功能

大豆膳食纤维的结构与淀粉的结构虽然差别仅在于葡萄糖之间的 β-连接和 α-连接,但从物理性状到化学性质,两者却大不相同,前者因人体内没有 β-纤维素酶而不能消化吸收,但决不能把它排除于食物化学之外。人体不能吸收的碳水化合物除了有膳食纤维以外,还有树胶及海藻胶类,树胶和海藻胶类多糖(如琼脂、褐藻胶等)多用作食品工业增稠剂和稳定剂,在改善食品品质方面起到了重要的作用。

(一)降低血浆胆固醇水平

使用富含复杂性碳水化合物,包括淀粉和膳食纤维的高碳水化合物膳食,可抑制受试者体内的脂肪合成,起到防止热能摄入过多、预防肥胖的作用。这些结果表明需要进一步研究可发酵的纤维对肝脂肪合成和排泄的作用。因为由肝脏合成的富含甘油三酯的脂蛋白是低密度脂蛋内的前体,总之,现有证据提示膳食纤维降低胆固醇的作用机制不止一种。纤维的各种物理性质与其结合(或捕获)胆酸的能力及黏度有关。

高纤维食物比低纤维食物容易使人得到饱腹感,而不至于过多地进食淀粉、脂肪和蛋白质以致造成高血糖。此外,由于膳食纤维能带走胆固醇的代谢产物——胆酸,使胆固醇在体内的沉积减少。食用高膳食纤维食物,避免了过高的血糖和胆固醇在动脉血管壁上的沉积,也就避免了动脉血管壁的增厚及变窄的粥样硬化。当然,动脉粥样硬化不单是缺乏食物纤维素这样一个原因造成的。

(二)改善大肠功能

大豆膳食纤维可影响大肠功能。其作用包括缩短食物在大肠中的通过时间、增加粪便量及排便次数、稀释大肠内容物,以及为正常存在于大肠内的菌群提供可发酵的底物。所有这些因素均受膳食中纤维类别,以及其他膳食和非膳食因素的影响。补充膳食纤维(如麦麸纤维)可使食物在大肠中的通过时间缩短,在膳食中添加水果和蔬菜也能缩短通过时间,通过时间与粪便重量有关,但不呈简单的线性规律。粪便重量轻与通过时间延长有关;随着粪便重量增加、则对应通过时间较短。然而,一旦通过时间达 20～30h,则粪便重量进一步增加,其通过时间也没有明显缩短。膳食纤维能稀释肠道内致癌物和其他有害物质的浓度,缩短这些毒物在肠内的停留时间,减少它们对肠壁黏膜的接触,有利于预防肠癌的发生。

粪便重量的增加与纤维的来源之间有剂量关系。膳食中非淀粉多糖和抗性淀粉是增加粪便重量的主要膳食成分。膳食纤维的摄入量与粪便重量的增加也有剂量关系。含不可溶性纤维的食物(如麦麸)使粪便重量增加最多。水果、蔬菜、树胶可使粪便量中度增加,而豆类和果胶只能稍微增加粪便量。粪便重量增加特别是与粪便中微生物细胞的量、未消化的粪便残渣或粪便中的非细胞物质的增加有关。所以,膳食纤维引起粪便量的增多均与上述因素有关。例如,麦麸在使粪便中未消化的残渣增加方面最有效,而水果和蔬菜中的纤维以及可溶性多糖最易被酵解,因此更可能使粪便中的细菌量增加。对麦麸纤维的粒度大小也做过研究,粒度减小则粪便量也减小。

大豆膳食纤维对粪便重量和通过时间的影响虽有不同,但对大肠的生理学功能具有重要意义。大豆膳食纤维在大肠功能中起重要作用。大豆膳食纤维中的多糖发酵时,细菌能产生短链脂肪酸产物,主要为乙酸酯、丙酸酯和丁酸酯等。丁酸酯可被大肠细胞用作能源。丁酸酯可使转化的细胞发生分化。大豆膳食纤维可改变肠道系统中微生物群落的组成。食物中缺乏纤维素,肠道内的食物残渣由于过分黏稠而不易通过,因而滞留时间过长,内含水分被过量吸收,致使粪便干燥、坚硬,不易排出,形成便秘。由于便秘,粪便中的大量细菌及代谢废物不能排出体外,而重新被吸收,从而引起身体中毒,产生腹胀、口臭、食欲减退、头痛、烦躁等一系列症状;经常便秘,会引起痔疮,甚至下肢静脉曲张。

三、膳食纤维的开发应用

"膳食纤维作为第七大营养素,在调节人体正常生理代谢过程,预防心脑血管疾病、糖尿病、高血压、高血脂等多种疾病方面有着重要的作用,目前多应用于食品行业、药品研制及保健品开发等方面。"[①]大豆膳食纤维是一种具有潜在应用价值的生理活性物质,由于其本身的特性,以及对人体具有的生理效应,从而决定了它的广泛应用前景。在食品加工中适量添加不同类型的膳食纤维,即可制成具有不同特色的强化功能食品和风味食品,它很可能被开发成为治疗肠道疾病的保健食品和应用于食品加工等领域。这也是当前大豆膳食纤维最具有社会效益和经济效益的应用领域。

大豆膳食纤维作为一种食品配料,对食品的色泽、风味、持油和持水量等均有影响,它作为稳定剂、结构改良剂,可控制蔗糖结晶,具有增稠、延长食品货架期作用以及被作为冷冻、解冻稳定剂使用。

大豆膳食纤维在保健食品领域的应用比较广泛。大豆膳食纤维的多种生理功能,如降低血清胆固醇、预防便秘与结肠癌、防治糖尿病等,决定了它在保健食品方面应用的广泛前景。大豆膳食纤维在临床上的应用已日益受到大众的关注和科学领域的重视,尤其是它具有促进消化道功能的作用,因而是治疗便秘和痔疾的主要食物来源;高膳食纤维、低脂肪食品有助于减少患心脏疾病和某些癌症的机会。但在增加摄入膳食纤维食品的同时,要补充足够的水分。

(1)用富含大豆膳食纤维的大豆皮净化污水。其工艺原理是:将大豆皮转化为非碳化的金属吸收剂,或转化为活性金属碳。用次氯酸钠(家用漂白剂)之类的氧化剂处理豆皮,即可得到金属吸收剂。豆皮对金属的亲和力还能除掉水中的镁和钙,将水软化。

---

① 徐燕,谭熙蕾,周才琼.膳食纤维的组成、改性及其功能特性研究[J].食品研究与开发,2021,42(23):211.

（2）用膳食纤维中含有的大量纤维素水解，制取可食用的葡萄糖。地球上的有机物，大部分是碳水化合物。而碳水化合物则大部分以纤维素的形式存在，综合利用植物中的碳元素，对于开发天然食品、保健食品等具有十分现实的意义。

第五节　类胡萝卜素物质及其开发应用

一、类胡萝卜素的结构与性质

（一）类胡萝卜素的结构分析

1.一般结构

结构上，类胡萝卜素是聚异戊二烯化合物，它们通过 2 个含有 4 个甲基 20 个碳的分子尾对尾连接而成。所有的类胡萝卜素都是由 40 个碳骨架衍变而来的。类胡萝卜素可分成以下两类：

（1）碳水化合物型的类胡萝卜素，称为胡萝卜素，仅由碳、氢两种元素组成，如番茄红素和 β-胡萝卜素。番茄红素有两个非环末端，β-胡萝卜素有两个环己烷末端。

（2）氧化型的类胡萝卜素，称作叶黄素（或称作氧化型类胡萝卜素），含有一些氧代基团，如羟基、酮基、环氧基，该类化合物包括：①玉米黄质和叶黄素；②紫菌红醚（含甲基）；③β-胡萝卜素-4-酮（含氧基）；④花黄素（含环氧基）。

类胡萝卜素的分光光度特性由共轭双键系统产生。在分子的两端，类胡萝卜素有线性基团或环状基团，如环己胺和环戊烷。这些末端基团所添加的含氧功能基团与加氢水平的变化相组合，形成了类胡萝卜素结构的主体。

所有的类胡萝卜素都可以通过 $C_{40}H_{56}$ 脂肪烃单元加氢、脱氢和氧化反应获得。它们都包含有共轭双键，这些双键能够影响其物理、化学和生化性质。

类胡萝卜素通常由 8 个异戊二烯单位连接而成，在分子结构的中心，各

相连的单位因 C_1,C_6 的位置关系发生翻转,把甲基传递给 C_{20} 和 $C_{20}{}'$,而保留 C_1,C_5 上的甲基。类胡萝卜素分子最明显的特征是具有较长的多烯链,约有 3～15 个连接键。发色基团的长度决定了该分子对光谱的吸收量,这些都是建立在 7 种不同的末端上。在高等植物的类胡萝卜素中发现,这些末端只包括 4 种因子(β,ε,k,φ)。

2. 顺反异构体

碳碳双键结构可以有两种存在形式,即顺式异构或反式异构。目前,顺式/反式这个术语在类胡萝卜素生物化学及天然产物化学领域广泛使用。依据分子中存在的双键数量,理论上可形成大量不同的单一和多聚顺式几何异构体,然而,由于受原子空间的约束作用,很少有异构体可以通过实际的异构反应形成。

天然类胡萝卜素主要以全反式共轭结构存在,当然也有例外的情况。如杜氏藻属的某些嗜盐种类——杜氏盐藻,可产生数量可观的 9-顺式-β-胡萝卜素。人体中分布着不同的类胡萝卜素异构体,不同的系统或组织中存在的异构体模式不同。

含有延伸共轭双键,并为全反式共轭结构的类胡萝卜素是一种线性分子。非环化类胡萝卜素,如番茄红素,含有可延伸的末端基团,比那些含有环状末端基团结构的类胡萝卜素分子要长。与全反式类胡萝卜素相比,它们的顺式对应物是非线性的,这就影响了它们的溶解性及在亚细胞结构上的定位。

含氧类胡萝卜素,如玉米黄质横跨双分子层膜,在生物膜体系中没有选择取向。

3. 光学异构体

由于不对称碳原子的存在,很多类胡萝卜素都含有手性中心。这些化合物可能存在不同的空间异构形式,如光学异构体或对映异构体,它们之间还彼此存在镜像关系。光学异构体除了有可以与偏振光起作用的性质外,还具有和一般异构体相同的性质。

一般天然类胡萝卜素只以一种可行的对映异构体形式存在,这是因为类胡萝卜素的生物合成是基于光学异构选择的。一个有趣的例外是人体黑眼球中的玉米黄质,玉米黄质的不同光学异构体都可被检测到,它们在黄斑中有不同的分布模式;而在人体血液中,只有一种光学异构体的玉米黄质可被检测到。因此,在黄斑中必然存在光学异构体的互换现象。

(二)类胡萝卜素的基本性质

1.溶解性

类胡萝卜素是一类极端亲脂的化合物,几乎不溶于水。在水环境下,类胡萝卜素分子会凝结和黏附在一起。它们可以溶解于非极性有机溶剂,如四氢呋喃、卤代烃和(正)己烷中。

在机体中,类胡萝卜素存在于细胞膜或亲脂性组织,如人体脂肪中。它们主要被转移到亲脂性脂蛋白中,包括乳糜微滴、超低密度脂蛋白和高密度脂蛋白。类胡萝卜素定位在亲脂性组织间具有重要的生物学功能,包括亲脂抗氧化活性、在生物膜中起稳定作用的特性等。在一些植物中,羟基化类胡萝卜素是由不同的脂肪酸酯化产生的,这样可以使其具有更高的亲脂性。

2.光吸收与光化学特性

由于线性共轭双键系统的存在,类胡萝卜素会表现出很深的黄色、橙色或红色。它们的吸收光谱与共轭双键的数量有关,一般在 400~500nm 范围内。

类胡萝卜素表现出很高的消光效率,针对这一特点采用适当的分析方法对类胡萝卜素进行检测具有相当高的灵敏度。紫外光谱法是一种典型的分析方法,可以首先用于鉴定某些特殊类胡萝卜素。这些单体类胡萝卜素的光谱特性还可以提供更多更精细的结构信息。它们的顺式异构体在波长 320~360nm 处具有一个额外的吸收带,其强度取决于顺式键在分子中的位置,当顺式键位于分子的中心时,吸收带的强度很高,如 15-顺式-β-胡萝卜素。而当 1 个双键与类胡萝卜素分子末端结合时,光吸收就会表现得很微弱甚至消失,如 5-顺式-β-胡萝卜素。

被电子激活的分子可与生物学上的重要化合物起反应,并削弱它们的功能。植物光合作用系统中存在的类胡萝卜素,其功能之一就是猝灭这些被激活的分子。能量从三线态或单线态氧 $^1O_2$ 向类胡萝卜素的传递效率很高。

$^1O_2$ 的灭活有两种途径,即物理猝灭和化学猝灭。物理猝灭是将能量从活性氧分子传递给三线态的类胡萝卜素,从而削弱 $^1O_2$。被激活的类胡萝卜素能量通过类胡萝卜素与溶剂间的振动被分散和削弱,从而使类胡萝卜素恢复为基态。类胡萝卜素在这个过程中保持原样,这使得它们可以循环进行对 $^1O_2$ 的猝灭作用。由类胡萝卜素起作用的化学猝灭不到 $^1O_2$ 总猝

灭的 0.05%,但对该分子最终的猝灭起主要作用。类胡萝卜素是最有效的 $^1O_2$ 天然猝灭剂,其猝灭率持续稳定在 $(5\sim12)\times10^9$ mol/s。

(三)类胡萝卜素自由基化学

含有共轭双键的类胡萝卜素带有可进行反应的多余电子,很容易同亲电化合物反应,从而使类胡萝卜素的氧化性不稳定,在有氧反应条件下趋向于自氧化。类胡萝卜素与氧化剂或自由基的反应取决于多烯链的长度,以及末端基团的状态。

类胡萝卜素与自由基间的相互作用可生成胡萝卜素的氧化产物,如将 β-胡萝卜素暴露于自由基中可以观察到几种类型的氧化产物。β-胡萝卜素的自氧化反应可形成环氧衍生物,用过氧化氢自由基发生器处理 β-胡萝卜素可使后者在多烯链的中心双键上形成一个环氧衍生物,过氧化氢粒子发生器可以使 β-胡萝卜素在多烯链上的中间双键形成环氧化物。

类胡萝卜素的抗氧化性质与清除不同类型自由基时的速度、反应模式、生成的类胡萝卜素自由基性质有关。类胡萝卜素清除自由基有不同机制,从而生成各种类胡萝卜素自由基,并最终决定了产物的类型。反应产物包括一系列清除产物、氧化产物(基本上是环氧化物)和许多顺式异构体,它们具有潜在的有害作用。影响这些自由基反应速率的因素包括自由基性质、外部环境(水或脂类区域)和类胡萝卜素的结构特征(极性和非极性末端、氧化-还原性质),这些因素不只作用于内部反应,也作用于脂类双分子层结构位点和方向,同时会影响它们所形成的聚集体。

1. 类胡萝卜素与过氧化氢自由基反应

在体内去除过氧化氢自由基是抗氧化剂的主要任务,因此关于类胡萝卜素与过氧化氢自由基反应的研究有很多。该反应的第一步是过氧化氢自由基加合在类胡萝卜素的一个双键上,形成一个共振稳定的 C 中心自由基中间体,如 ROO-CAR·(CAR 表示类胡萝卜素)。接着,其他的过氧化氢自由基结合上来形成中性加合物 ROO-CAR-OOR。这个过程一般发生在低氧条件下,以消耗过氧化氢自由基。类胡萝卜素的这种抗氧化活性可以保护细胞膜免受过氧化反应的损伤。尽管如此,在高浓度氧的环境下,类胡萝卜素中间自由基也可能加氧形成一个类胡萝卜素过氧化氢自由基,如 CAR-OO 或 ROO-CAR-OO。这种中间体能够起到前体氧化剂的作用,用以启动过氧化反应,如脂类的过氧化反应。

最初阶段,类胡萝卜素清除自由基表现出一种或多种性质:

$$CAR + ROO^{\cdot} \rightarrow CAR^{\cdot+} + ROO^{-} \qquad (5\text{-}2)$$

$$CAR + ROO^{\cdot} \rightarrow CAR^{\cdot} + ROOH \qquad (5\text{-}3)$$

$$CAR + ROO^{\cdot} \rightarrow ROOCAR^{\cdot} \qquad (5\text{-}4)$$

其中,式 5-2 表现为电子转移,式 5-3 表现为烯丙基氢的吸引,式 5-4 表现为加成。生成的类胡萝卜素自由基有不同性质,但不同自由基之间可相互转化。β-胡萝卜素通过向能产生共振中心的共轭双键体系中,增加过氧化氢类胡萝卜素自由基($ROOCAR^{\cdot}$)的方式来清除过氧化氢自由基。但是,当氧压力增加时,β-胡萝卜素抗氧化剂的作用会降低,这是由 β-胡萝卜素自行氧化造成的。

产物分析表明,类胡萝卜素加成自由基和类胡萝卜素自由基($CAR^{\cdot}$)是过氧化作用的中间体。在自行抗氧化作用时生成了类胡萝卜素氧化产物,其特征说明 β-胡萝卜素通过氢原子吸引和自由基加成反应清除了过氧化氢自由基。

过氧化氢自由基的活性是确定反应类型的重要依据。有许多参数可以反映过氧化氢自由基的相对活性,包括单电子还原能力反应的 pK_a 值等。

酰基过氧化氢自由基和三氯甲基过氧化氢自由基是十分活跃的自由基,因此这些自由基可在极性介质中通过电子转移与不同的类胡萝卜素发生反应。

酰基过氧化氢自由基与类胡萝卜素在极性溶剂和非极性溶剂中的反应有不同的现象。在非极性己烷或苯中,反应经历了自由基加成到 $ROOCAR^{\cdot}$ 的过程,吸收值在可见区,但没有产生近红外(NIR)吸收。这个加成自由基通过第一数量级动力学(速率常数约 $10^3 s^{-1}$)经过一个衰解过程生成环醚。但是,在极性溶剂甲醇中反应,可以生成加成自由基和两个 NIR 吸收,揭示了两种特殊的类胡萝卜素[7,7'-二氢-β-胡萝卜素(77DH)和 ζ-胡萝卜素]的存在。系列醇(甲醇,乙醇,1-丁醇,1-戊醇,1-癸醇)溶剂研究显示,溶剂极性对 NIR1 和 NIR2 形成的相对量有较大的影响。NIR1 是个极性物质,为一个紧密相连 $CAR^{\cdot+}$ 的电子对和过氧化氢负离子或自由基阳离子形成的异构体。

酰基过氧化氢自由基与类胡萝卜素在甲醇中反应的速率常数与酰基过氧化氢自由基和三氯甲基过氧化氢自由基反应的常数相比还是较低的。苯基过氧化氢自由基(还原潜势约为 0.78V)的氧化性比脂类过氧化氢自由基的氧化性稍强,在加成途径中,它们在苯/甲苯溶剂里被 β-胡萝卜素和 CAN 清除。这两种类胡萝卜素的速率常数相似,约为 $1 \times 10^6 \text{mol}/(L \cdot s)$。因此,像 β-胡萝卜素这样的类胡萝卜素可以有效地保护细胞不受叔丁基羟基过氧化物高剂量的破坏。脂类过氧化氢自由基比酰基过氧化氢、三氯甲基过氧化氢自由基的活性弱,它们的还原潜势只有大约 0.7V。β-胡萝卜素和过氧化氢自由基在不同极性的溶剂[从环己烷到叔丁醇-水(7∶3)]中的反应表明,过氧化氢自由基与脂类过氧化氢自由基有相似的活性。由于过氧化氢自由基的还原性低,因此该反应未经历电子转移过程。

2. 与其他自由基反应

类胡萝卜素和 CH_3CH_2SD 在叔丁醇-水混合物中的反应在相同波长区域内不能产生近红外(NIR)吸收带,但能产生紫外-可见(UV-VIS)吸收带。产生紫外-可见(UV-VIS)吸收的物质是加成自由基[RS-CAR],它容易被衰解。苯硫基自由基 PhS 和类胡萝卜素在苯溶剂中的反应导致了加成自由基的形成,吸收值在与亲代化合物相同的波长区域内。

谷胱甘肽自由基(GS)与视黄醇在含水和甲醇溶剂中的反应,由于(视黄醇)或[GS-视黄醇]的存在,检测到一个很强的吸收($\lambda_{max}=380nm$),而视黄醇的吸收值在 585nm 处。

β-胡萝卜素在 50∶50 的丁醇-水中与 $CH_3CH_2SO_2$ 的反应,根据一个加成自由基生成的 β-CAR^+ 和 UV-VIS 吸收特征,发现了在 NIR 中的瞬时吸收现象。但是,CH_3SO_2 与其他类胡萝卜素在叔丁醇/水混合物中生成两种 NIR 吸收带,而加成自由基的吸收带在 UV-VIS 区域。

3. 类胡萝卜素自由基与氧分子的反应

对于类胡萝卜素在 CH_2Cl_2 中与铁氯化物反应,$CAR^{·+}$ 可以与氧气反应,最终生成 5,8-过氧化物,在含水环境中 $CAR^{·+}$ 易失去一个质子,而生成中性的自由基。这类中性类胡萝卜素自由基与氧气反应,生成具有助氧化性的类胡萝卜素过氧化氢自由基,如下反应式所示:

$$CAR^· + O_2 \rightarrow CARO_2^· \tag{5-5}$$

$$ROOCAR^· + O_2 \rightarrow ROOCARO_2^· \tag{5-6}$$

对脂类过氧化氢自由基中 β-碎片生成的速率常数进行外推,结果表明以上两个反应的逆反应是很快的。氧浓度对类胡萝卜素抗氧化活性有相当重要的作用,它与类胡萝卜素抗氧化活性呈负相关,而这种关系被归结于类胡萝卜素自由基和氧气间的拟平衡。

在高浓度氧气存在的情况下,平衡会向 $RO_2CARO_2^·$ 合成方向移动,$RO_2CARO_2^·$ 既可以与 CAR 反应,诱导其自行氧化,又可以与脂类反应,造成持续的脂类助氧化作用。但是,当氧气浓度低时,平衡向 ROOCAR˙ 方向移动,ROOCAR˙ 可以与另一个 RO_2˙ 反应,或经由烷氧基化作用生成一个环氧化物。因为不同的组织中氧气的浓度不等,所以类胡萝卜素可能在不同的组织中有不同的表现。在组织生理条件下,肺部的氧气压力一般是 $0.20 \times 10^5 Pa$(150mmHg)左右,而在其他组织中会降至 $0.02 \times 10^5 Pa$(15mmHg)左右,甚至更低。

当氧气浓度增至 0.01mol/L 时,ROOCAR˙(R＝酰基)不受影响。但是,这些加成自由基会在内部衰解,生成环氧化物(或环醚),并以 $10^3/s$ 的速率常数(k_1)进行,这是第一个过程。这也使得 ROOCAR˙ 与氧气的反应速率常数上限在 $10^5/s$ 左右。但是烷基(R)类型可能决定了环氧化物合成的速率常数。因此,对于更小的 k_1 来说,如果速率常数足够高,则 ROOCAR˙ 与氧气的反应是可能完成的。

4.与其他氧化剂的作用

类胡萝卜素与活性自由基反应生成的 CAR˙⁺ 在生物体内具有危害作用。CAR˙⁺ 可氧化酪氨酸和半胱氨酸,如下反应式(5-7)和(5-8),如果该反应发生在体外,则它们会修饰蛋白质结构,并由此影响它们的功能。

$$CAR˙⁺ + TyrOH \rightarrow CAR + TyrO˙ + H^+ \tag{5-7}$$

$$CAR˙⁺ + CyrOH \rightarrow CAR + CyrO˙ + H^+ \tag{5-8}$$

$$CAR˙⁺ + AscH \rightarrow CAR + Asc˙ + H^+ \tag{5-9}$$

$$CAR˙⁺ + TOH \rightarrow CAR + TO˙ + H^+ \tag{5-10}$$

CAR˙⁺ 可以被其他的抗氧化反应再次利用,如抗坏血酸(AscH)和维生素 E(TOH),如反应式(5-9)和(5-10)所示。维生素 E 和抗坏血酸自由基可分别被抗坏血酸和 NADH-半脱氢抗坏血酸还原酶再次利用。如果类胡萝卜素在膜中的方向接近于含水相,就可以观察到 CAR˙⁺-抗坏血酸的作用。对于碳氢化合物类胡萝卜素而言,如果寿命长的 CAR˙⁺ 能向含水相迁移,则这种作用就有可能发生。除非 TOH 存在,否则番茄红素和 β-CAR 对 UVA 光不表现任何光抵抗作用。这种现象归结于 TOH 清除一些氧化产物的能力,这些产物可能是由类胡萝卜素的相互作用生成的。

5.类胡萝卜素聚合反应

尽管聚合物的合成对单线氧抑制的影响已有所报道,但是有关类胡萝卜素聚合作用的自由基清除性质的研究报道还较少。这些聚合物存在的可能性是在研究植物光合作用的过程中被首先提出来的,它们可能是高等植物的捕光化合物。但在生物组织中尚未直接观察到它们的合成。类胡萝卜素聚合物可以在体外细胞实验中生成，尤其是在含水的适宜条件下，一旦类胡萝卜素达到一定浓度，这些聚合物就可能合成，但目前对它们的化学性质却知之甚少，只知道 H-型聚合物被合成后，会发生明显的光谱变化，这意味着与共轭双键系统的反应很可能会受到影响。再者，类胡萝卜素的不同反应也使聚合作用变得更容易，结果是某个类型的聚合作用(J-型或 H-型)更容易完成。类胡萝卜素的顺式异构体的聚合作用比全反式异构体弱。

6.类胡萝卜素的助氧化作用

β-胡萝卜素在高浓度的氧环境，以及高浓度的其他类胡萝卜素条件下可能起到助氧化剂的作用。类胡萝卜素在氧气局部低压小于 2×10^4 Pa 时，可以表现出抗氧化性质，但在氧气浓度较高时，可能丧失其抗氧化作用，甚至产生助氧化作用。同样，类胡萝卜素本身的浓度也可能影响其抗氧化能力，在类胡萝卜素浓度高时，其抗氧化作用减弱，并引发助氧化作用。然而，不是所有的可食用类胡萝卜素都会在这方面起相同的作用。

培养的细胞在高浓度类胡萝卜素的情况下，不只是抗氧化作用会丧失，其 β-胡萝卜素、番茄红素的助氧化剂作用也会丧失。在高浓度类胡萝卜素的情况下观察到的抗氧化活性的减弱可能与类胡萝卜素的聚集作用有关，因此，类胡萝卜素自由基化学的聚集作用是需要进一步研究的。当然，类胡萝卜素与自由基的相互作用同样需要研究，这在高浓度类胡萝卜素的情况下是很重要的。

为了解释类胡萝卜素所表现出来的助氧化作用，相关学者提出了以下一些假说：

(1)在与过氧化氢自由基相互作用后，类胡萝卜素分子可能被异构化、氧化或断裂生成在生物体系内不同的、可能有破坏作用的活性产物。但是，它们对关键的生物过程，如细胞信号通信和细胞增殖的作用仍不得而知。

(2)高浓度类胡萝卜素改变了生物膜的性质，并可能影响高浓度类胡萝卜素对毒素、氧气分子和自由基的通透性。在这种特殊的情况下，不同的类胡萝卜素(胡萝卜素或叶黄素的顺式异构体或反式异构体)可能无法像它们在低浓度时那样起作用，但它们与活性氧化物(ROS)或其他抗氧化剂相互作用的能力可能被改变。

(3)与 ROS 的相互作用会生成类胡萝卜素过氧化氢自由基，类胡萝卜素过氧化氢自由基产生脂类氧化物。在高浓度的类胡萝卜素和/或增加氧气压力的情况下，需要注意这些潜在的高活性物。

综上所述,在确定类胡萝卜素与不同的自由基反应速率和机制类型中,至少有三个重要的因素:①类胡萝卜素结构;②基质的极性;③自由基活性。

类胡萝卜素分子所在的生物环境的性质会影响其活性,主要是通过与ROS或与其他抗氧化剂(包括其他类胡萝卜素分子)相互作用,或对组织类胡萝卜素在基质中的配置产生间接影响。

二、类胡萝卜素的功能表现

(一)类胡萝卜素在光合作用中的功能表现

很多植物都有自己特殊的类胡萝卜素,例如,番茄中含有特殊的类胡萝卜素、番茄红素,胡椒中也发现特殊的辣椒玉红素,而柑橘类植物中含有的是枳橙黄质。

在花和水果中,类胡萝卜素位于色素母细胞内,叶绿体中也常发现不同的5,6-环氧化基和5,8-环氧化基,以及氢氧酯基的衍生物。在色素母细胞中,类胡萝卜素常常以球状或纤丝状的结构积累,并与丝状蛋白结合在一起。在许多植物中都发现这些蛋白质,其大小为$30\sim35kDa$,占色素母细胞蛋白质的80%。它们有几个高度同源的区域,包括疏水的发夹区域。

在植物的光合作用中,类胡萝卜素起着必不可少的作用。在所有进行光合作用的有机体中,类胡萝卜素主要有两种功能,即作为光吸收阶段光合作用的辅助色素和在强光下保护细胞免遭O_2的损伤。

在植物中,类胡萝卜素是光捕获系统中的必需成分,它们可以吸收光量子并将能量传递给叶绿素,由此协助植物吸收$450\sim570nm$波长范围的光。能够在植物中起这种作用的类胡萝卜素主要有叶黄素、紫黄质和新黄质。在叶绿体中,类胡萝卜素与光合色素蛋白化合物中的叶绿素有联系。β-胡萝卜素是光系统Ⅰ和Ⅱ中的核心成分。在光系统Ⅱ的反应中心含有15-顺式-β-胡萝卜素。而在复杂的光捕获(LHCP)体系中,叶黄质是主要的类胡萝卜素。

类胡萝卜素的第二个重要功能是保护光合作用元件在强光下免受O_2损伤,这些元件由激发的三线态叶绿素产生。含有9个或更多的C共轭双键的类胡萝卜素分子可从叶绿体中吸收三线态能量,由此阻止单态氧自由基的形成。玉米黄质对于消除叶绿体中激活的多余能量起重要作用。在藻类植物中,紫黄质光诱导环化可生成玉米黄质(在叶黄素环化中),它与叶绿体光保护过程有密切关系。因为类胡萝卜素有猝灭氧自由基的能力,因此有很强的抗氧化性,可以保护细胞避免 O_2 损害。类胡萝卜素的这种功能实际上在所有有机体中都非常重要。

类胡萝卜素在植物中赋予花朵和果实不同的颜色,以吸引昆虫为其传播种子或授粉。花朵中可以发现大部分橙色、黄色和红色色素,其他许多高等植物的器官也得益于色素母细胞中类胡萝卜素的积累。只要植物绿色组织中含有足够数量的 β-胡萝卜素、叶黄素、紫黄素和新黄素,就会在花朵和果实中发生二次积累。

(二)类胡萝卜素的生物利用及其功效分析

1.人体常见的类胡萝卜素

(1)黄体素和玉米黄素。黄体素存在于人的视网膜、血浆和其他一些组织中。在视网膜中,黄体素的主要功能是保护接受光氧粒子的感光细胞,所以黄体素在阻止视网膜斑点恶化方面起着重要的作用。黄体素拥有化学防护活性,能比胡萝卜素和番茄红素更有效地沟通连接细胞间隙和抑制脂肪过氧化反应。黄体素和玉米黄素普遍存在于人体卵巢和其他组织中。阔叶菜、杧果、番木瓜果、橘子、桃子、南瓜、菜豆、椰菜、卷心菜、羽衣甘蓝、生菜、甘薯和哈密瓜中都含有大量的黄体素。商用黄体素是从万寿菊中萃取的。黄体素没有维生素 A 原的活性。黄体素和玉米黄素都有抗过氧化反应的作用。

(2)番茄红素。虽然 9-顺式异构物、13-顺式异构物、15-顺式异构物也有可测信号并约占总番茄红素的 50%,但是血清中定量的一般是番茄红素的全反式异构物。在对类胡萝卜素的实验研究中发现番茄红素在抗氧化性能上比 α-胡萝卜素、β-胡萝卜素、叶黄质、黄体素、玉米黄质更有效。血清中的番茄红素含量与患膀胱癌、胰腺癌、消化道癌的概率成反比。番茄红素在许多组织中存在,如甲状腺、肾、肾上腺、脾、肝脏、心脏、睾丸、脂肪和胰腺。

番茄红素是导致红色水果和蔬菜(如番茄、粉红柚、红葡萄、西瓜和红番石榴)具有颜色的原因。番茄红素不能在体内转化为维生素 A,其生物和物理化学性质,尤其是它的抗氧化性,已经引起了广泛关注。番茄及其产物是番茄红素的主要来源,而且也是食谱中补充人体类胡萝卜素的重要来源。新鲜番茄中的番茄红素基本上是反式结构。加工过的番茄中番茄红素的生物利用度比新鲜番茄高,因食物加工过程中可通过打破细胞壁削弱果实和番茄红素间的键力来提高番茄红素的生物利用率。

(3)β-玉米黄质。β-玉米黄质能够抗氧化。橘子、杧果、番木瓜果、哈密瓜、桃、南瓜中都含有玉米黄质,它也是黄油显色的主要物质。玉米黄质表现出维生素 A 原的活性。人类从橘子汁中摄取 β-玉米黄质后乳糜微滴和血清中的 β-玉米黄质增加了。肝脏中的 β-玉米黄质浓度是血清中的 4 倍。

(4)β-胡萝卜素与 α-胡萝卜素。人体中的 α-胡萝卜素含量是 β-胡萝卜素的 6 倍。β-胡萝卜素具有抗氧化能力,能保护低密度脂蛋白(LDL)不被氧化。人体中 3～6 倍浓度的 LDL 加上饮食补充的 β-胡萝卜素,其抗氧化性比体外 11～12 倍浓度的 LDL 有效得多。冠心病人血浆中的 α-胡萝卜素和维生素 E 浓度非常低。胡萝卜是唯一富含 α-胡萝卜素的来源。β-胡萝卜素和 α-胡萝卜素存在于人体甲状腺、肾、脾、肝脏、心脏、胰腺、脂肪、卵巢、肾上腺、黏膜细胞等器官的组织中。

2.类胡萝卜素的生物利用

生物利用是指可食用营养物质在生物体内的储存或对机体生理功能所起的作用。类胡萝卜素的生物利用率分为绝对利用率和相对利用率。绝对生物利用率是指摄入一定量的类胡萝卜素后在体内形成的活性维生素 A 的量;相对生物利用率是指摄入某一种类胡萝卜素后,相对于参考物质体内一些指标的变化。常用的参考物质有油中的 β-胡萝卜素或已知量的高效利用的预成维生素 A。由于很难找到符合条件的测定绝对生物利用率的食物,因此,已公布的生物利用率都是相对于参考物质得出的相对生物利用率。

现今通用的类胡萝卜素生物利用率的换算标准是,食物中 $6\mu g$ 的全反式 β-胡萝卜素相当于食物中的 $1\mu g$ 全反式视黄醇。依据有两点:①β-胡萝卜素在体内转换为维生素 A(视黄醇)的最大转换率为 2∶1;②食物中的 β-胡萝卜素的平均生物利用率为油中 β-胡萝卜素的 1/3,因此每微克的视黄醇相当于 $2\times3=6\mu g$ 的 β-胡萝卜素,这一比值适用于任何单位如纳克、毫克等。

影响类胡萝卜素生物利用率的因素至少有 9 种:类胡萝卜素的种类、分子连锁、类胡萝卜素的消化量、类胡萝卜素的基质、吸收和生物交换的有效率、宿主的营养状态、遗传因素、与宿主有关的因素及影响。尽管人体所需的脂肪量很低,每餐约需 3～5g,但由于类胡萝卜素是一些可溶性类脂,比起富含脂肪的食物来说,类胡萝卜素更易被肠道吸收。至于食物的基质,菠菜中的黄体素在植物细胞壁裂解后,其生物效用更高。胡萝卜素的溶解性较低(混合蔬菜中为 14%),而纯化的 β-胡萝卜素加有简单基质,其溶解性较好,并能优先结合成乳糜微滴。类胡萝卜素个体对其他类胡萝卜素的吸收有抑制作用,比如,角黄素抑制了番茄红素的吸收,同时肠道细胞对类胡萝卜素的吸收比较容易。

3. 类胡萝卜素的生物功效

类胡萝卜素是由植物合成的天然色素,对各种水果、蔬菜的颜色起重要作用。在人们吃的食物中有多种类胡萝卜素,其中绝大部分具有抗氧化作用。在很多国家由于β-胡萝卜素是水果、蔬菜中最常见的类胡萝卜素,所以被研究最多。从番茄中提取的番茄红素和β-胡萝卜素有相似的抗氧化性。抗氧化剂(包括类胡萝卜素)具有防止慢性疾病的能力。在活体和动物模型中,β-胡萝卜素及其他类胡萝卜素都有抗氧化作用。混合类胡萝卜素与其他抗氧化剂的混合物可以提高抗自由基作用。由于绝大多数动物中类胡萝卜素的吸收或代谢与人类不同,所以用动物模型研究类胡萝卜素有其局限性。

在自然界中能找到超过700种类胡萝卜素,大概40种存在于人类膳食中,但仅有19种及其代谢物能在血液和器官中被识别出来。许多流行病学的研究显示,类胡萝卜素的高摄入与降低慢性疾病的发生有直接关系。类胡萝卜素对动物及人体的生物机理所具有的作用主要包括:①补充维生素A的作用;②脂氧化酶活性的调节;③抗氧化作用;④激活对细胞间交流起作用的某些基因。

(三)类胡萝卜素与维生素A

1. 维生素A的发现与功能

维生素A是第一个被发现的维生素,但其全部的生物作用至今还没有完全被确定。1909年,研究人员发现在鸡蛋卵黄中有一种成分对生命至关重要,这种成分是"脂溶性"片段"A",因此随后被称作维生素A。β-胡萝卜素能够转化成维生素A,这种转化主要发生在肠和肝中。

维生素A和类胡萝卜素具有潜在的抗氧化作用,两者都可以保护脂肪不被破坏。通过生物膜的实验可以提出类胡萝卜素可能会抑制脂肪自由基的机理。另外,维生素A和类胡萝卜素可作为生物抗氧化剂。今天,至少有12种形式的维生素A被分离出来,还存在超过700种的类胡萝卜素。它们的抗氧化活性和它们在一些不同疾病的发病机理中所起的作用已经被证实并继续研究。

　　视黄醇是维生素 A 的自由醇形式,能被酶可逆地转化为维生素 A 的活性形式;视黄醛在大量的组织中存在,视黄醛能被进一步转化为潜在的转化因子;而维生素 A 酸的反应是不可逆的。也有一些证据支持从视黄醇到维生素 A 酸而不经过视黄醛的中间反应这样一条直接的转化途径。

　　除了视网膜,视黄醛在其他组织里的浓度都非常低,因为酶的作用会使它还原为视黄醇,或者进一步形成维甲酸。为了使视黄醇通过酶促作用形成维甲酸,必须将其从许多细胞的血清中通过白蛋白提取出来。在细胞中的维甲酸与蛋白质连在一起形成维甲酸蛋白(CRABP),然后从它的连接位点分离出来,它是通过维生素 D 和甲状腺素连在一起的。

　　维生素 A_2(脱氢视黄醇),以前认为它只在淡水鱼的眼睛中存在,与维生素 A_1(视黄醇)仅仅是在第 3 位碳和第 4 位碳之间的双键不同,现在发现尽管它比维生素 A_1 的存在范围小,但它在许多哺乳动物的组织中都存在。视黄醇在血清中通过视黄醇蛋白(RBP)运输,这比通过转甲状腺蛋白要复杂得多,转甲状腺蛋白传输甲状腺素,即三碘甲腺原氨酸。一般认为,这种方式的传输能防止在肾中由于肾小球过滤而引起的小分子维生素 A-RBP 的丢失。

　　维生素 A 在其他组织中,包括心脏,是通过血清传输获得的。细胞膜是否有利于维生素 A 的扩散或对其吸收有积极作用目前还不清楚。一个细胞内的视黄醇蛋白分子,称为细胞视黄醇蛋白(CRBP),当它的连接位点不能通过配位体占据时,就在细胞内为视黄醇提供出一个在热化学上有利的浓度梯度。

　　为了连接细胞内的 CRBP,当蛋白质的浓度在 10pmol/mg 左右时,维生素 A 能找到细胞和细胞膜脂类双分子层中的切入位点。像维生素 E(生育酚,另一种脂溶性抗氧化维生素)一样,维生素 A 在脂类双分子层附近的极性区域表现出定向的环状碳结构,而它的多烯链伸展到双分子层内侧的非极性区域。

　　鉴于视黄醇、视黄醛和维甲酸都是维生素 A 的生物有效活性形式,所以它们在高浓度时都有毒性,因此剩余的维生素 A 必须被储存起来。在肝脏中通过酰基转移酶的反应生成维生素的长链脂肪酸酯,这是最初的储存形式。视黄基棕榈酸酯、油酸酯、肉豆蔻酸酯、硬脂酸酯和亚油酸酯都是从肝、肾、肠和肺中专门用于储存的星形细胞中分离出来的。

　　当血清中视黄醇的浓度降低时,视黄基酯能通过水解酶水解生成视黄醇。视黄醇在一些肉食动物,如猫、狗体内没有什么用处,在这些动物体内,维生素 A 不会通过结合血清中的 RBP 的方式传输。因此,需要使用这些动物模型的实验必须考虑到维生素 A 运输方式的不同。

2. 类胡萝卜素的维生素 A 功能

类胡萝卜素是一种重要的天然色素,广泛存在于动植物及微生物体内,是人体维生素 A 的主要来源,对人类健康具有重要作用。大部分类胡萝卜素具有抗氧化活性,并且也有可能加强免疫反应,对致癌物代谢酶的活动也很重要。然而,只有大约 50 种类胡萝卜素具有维生素 A 的功能。

维生素 A 原是类胡萝卜素最大的功能所在,50 种左右带有 β-环末端的类胡萝卜素具有这种功能,如 β-胡萝卜素、玉米黄素、β-玉米黄质等。

日常食用的类胡萝卜素中,α-胡萝卜素、β-胡萝卜素和 β-玉米黄素具有维生素 A 原的活性,然而黄体素、角黄素、玉米黄素和番茄红素只有很低的活性或没有活性。动物实验表明玉米黄素和黄体素可能具有一定的活性(<5%),甚至像番茄红素这样缺少末端环状结构的维生素 A 原类胡萝卜素,也具有维生素 A 的一些功能。

人类血浆中的主要类胡萝卜素如 α-胡萝卜素、β-胡萝卜素、番茄红素、玉米黄素和黄体素等几乎都连接在脂蛋白上(75% 在 LDL 上,25% 在 HDL 上)。人体里类胡萝卜素的主要储存器官包括肝和脂肪组织。饮食摄入后这些类胡萝卜素的血清浓度在不同的人之间存在很大的差异,时间、性别、地理位置、年龄和酒精摄入量的不同都是影响因素。性别和季节的不同会引起血浆中维生素 A 浓度的变化。

维生素 A 在体内不能合成,只能从饮食中获得。基本饮食来源(包括大部分的蔬菜、水果、奶和肉制品)中维生素 A 原和非维生素 A 原类胡萝卜素的含量经过调查,维生素 A 的基本来源包括蔬菜中的维生素 A 原类胡萝卜素和动物食品中的视黄基酯与类胡萝卜素。优质的维生素 A 饮食来源包括奶制品(牛奶、奶酪、黄油等)、黄色和绿色蔬菜(胡萝卜、甜马铃薯、菠菜、番茄、花椰菜和南瓜)、鱼、蛋、内脏(肝、肾)和小范围的红色肉类。因而,成年人维生素 A 的日摄入量应是 1000 个视黄醇单位(RE),婴儿和儿童分别是 375RE 和 700RE。1RE 相当于 1mg 视黄醇或 6mgβ-胡萝卜素。目前还没有对非维生素 A 原类胡萝卜素做出相关推荐。

在小肠的肠腔或刷状缘细胞中,大多数从饮食中获得的维生素 A 原类胡萝卜素都被水解成视黄醛,其他的裂解产物来自 β-胡萝卜素裂解酶。视黄醛还原为视黄醇,然后在刷状缘细胞中再次被酯化,并组合成乳糜微粒。在肝外组织中,乳糜微粒部分被脂酶降解,生成乳糜微粒残留物。在肝组织中,肝细胞和裂解酶将酯从残留物中分离出来,以合成游离的维生素 A。游离的维生素 A 能在内质网中再次酯化,并被传输到星状细胞中储存起来或者从细胞中排出。

多年前的报道,这些维生素 A 原类胡萝卜素从膳食中被摄取时,在肠道中被 15,15′-双加氧酶切割形成视黄醛。但近几年,随着生化研究的深入以及哺乳动物基因克隆的不断进展,β-胡萝卜素的中心切割实际是一个单加氧酶类型的反应,这种叫作 BCO 的人类重组酶,在消化系统和肝脏中能高效表达。然而 BCO 也同样可以在非消化组织中表达,而在这样的组织中,从血浆中获得的维生素 A 原由 BCO 作用转化为视黄醛。具有 β-环的类胡萝卜素既可以进行对称切割,也可以进行不对称切割,生成一系列阿朴类胡萝卜素,如在 9′,10′ 上对双键进行切割,可生成视黄酸前体。9′,10′-双加氧酶也可切割无环的类胡萝卜素,如番茄红素。

关于视黄醇是否以完整的视黄醇-RBP-TTR(前白蛋白)形式,或以视黄醇-RBP 形式(然后再在血清中结合 TTR)从细胞中排出,仍存在争议。类胡萝卜素通过刷状缘细胞吸收并组合成乳糜微粒,再传输到血清中的脂蛋白微粒中。它们在细胞中的分配由于动物种属的不同存在很大差异,而且分配的过程还不是太清楚。在理论上,β-胡萝卜素裂解生成两个视黄醇分子。然而,小肠吸收率的不同、对氧化反应的敏感性以及转化成视黄醇、视黄醛和维甲酸的能力等因素,这些因素使得类胡萝卜素只具有最多 50% 的维生素 A 的活性。事实上,人体中 β-胡萝卜素转化为视黄醇的比例是 6:1。

从维生素 A 原到维生素 A 的生物转化效率,近年来逐渐引起人们的重视。为了提出膳食中所需类胡萝卜素的合理的建议量,从维生素 A 原得到维生素 A 的生物转化效率需要进一步进行研究和评价。油中 $6\mu g$ 的 β-胡萝卜素或混合膳食中 $12\mu g$ 的 β-胡萝卜素与 $1\mu g$ 的视黄醇等价,即含有相同的维生素 A 活性。根据已有的 FAO 膳食平衡和 FAO/WHO 的折算率,所有的人都应从膳食中摄取一定量的维生素 A。另外,不是 $12\mu g$,而是 $21\mu g$ 的 β-胡萝卜素与 $1\mu g$ 的视黄醇具有相同的维生素 A 活力。这说明维生素 A 的有效吸收率是很低的。因此,在发展中国家,要想控制维生素 A 的失效率,不仅要求供应维生素 A,还要求有膳食的基本策略,包括食物结构,即尽可能引进一些有较高维生素 A 活力的新作物。

(四)类胡萝卜素与心血管疾病

目前,人们试图找出维生素 A 和类胡萝卜素这两种成分的协同作用与心脏病之间的关系。

第一,在多种心脏病的发病机理中,自由基和氧化状态所起的作用已经得到广泛的认可。局部缺血损伤、充血性心脏衰竭、冠状动脉疾病、糖尿病、心肌病和阿霉素引起的心脏中毒都与氧化状态有关。实验表明,饮食中富含抗氧化剂对于减少鼠体内,尤其是心脏的氧化损伤是很有效的。

第二,这两种成分是非常重要的生理抗氧化剂,能抑制心脏病的发展。当前的一些研究结果显示了维生素 A 和类胡萝卜素的摄入量与代谢情况。研究揭示了维生素 A 和类胡萝卜素的基本结构和代谢特性,以及一些关于它们作为抗氧化剂和心脏病之间联系的信息。

在过去的多年里,维生素 A 和类胡萝卜素在生理上抗氧化而减少心脏病发病率的重要作用受到了人们的重视。维生素 A 的存在形式很少,在高浓度时还具有毒性,它们的代谢是通过一系列的酶完成的,可以与蛋白质结合并使之作为储存媒介。

很多流行病学研究支持维生素 A 和类胡萝卜素的有益作用,大量实验结果表明维生素 A 和类胡萝卜素可能在生理上具有重要的抗氧化性以减少心脏病发病率。然而,还有一些大型的实验得出相反的结果。因此需要更多的工作以解释从干扰实验和流行病学研究中得到的不同结果,需要制定出特定组织中血清和血浆中维生素 A 和类胡萝卜素浓度的标准。

1. 流行病学研究

流行病学研究通常是了解微量营养元素的饮食摄入和疾病征兆间相互关系的第一步。国外学者对维生素 A 和类胡萝卜素与心脏病的相关性做了大量的流行病学观察。流行病学观察对维生素 A 和类胡萝卜素与心脏病的关系总体上得出的是肯定的结论,即较低的维生素 A 和类胡萝卜素血液含量和摄入量会引起心血管疾病的危险增加。

这些流行病学的研究显示,在修正了年龄、吸烟和典型危险因素之后,较低的 β-胡萝卜素和维生素 A 摄入量与患冠状心脏病危险性的增高仍然有很大联系。较低的血清总类胡萝卜素水平与较高的冠状动脉心脏病患病率是相关的,对经常吸烟的人来说这种关系最明显。

饮食中维生素 A 的增加和缺血性心脏病引起的死亡率下降存在很强的相关性。患心肌梗死的病人与匹配的对照组相比较,其血清中维生素 A

的浓度较低。维生素 A 原胡萝卜素的摄入量与颈动脉血管壁的厚度成反比。尽管血清中维生素 A 水平与心血管疾病导致的死亡没有关系,但是血清中较低的 α-胡萝卜素和 β-胡萝卜素水平与患缺血性心脏病和中风的风险上升有紧密联系,即使在调整维生素 E 水平和典型风险因素如年老、高胆固醇和高血压之后,情况还是这样。β-胡萝卜素的血清浓度越低,心肌梗死发病率越高,黄体素也可能有这种关系。

当把吸烟因素考虑进去时,发现这些效应仅限于吸烟者。血清里 β-胡萝卜素含量较高者患心血管疾病的危险明显较低。皮下脂肪组织中 β-胡萝卜素浓度和心肌梗死发生率间是一种反向的关系,这种关系对吸烟者来说尤为明显。每天吃一个或两个胡萝卜的较高 β-胡萝卜素摄入量与冠状动脉疾病死亡率下降有微弱的关系。β-胡萝卜素的饮食供给量(根据国家食品供应数据)与冠状心脏病引起的过早死亡(<65 岁)危险的显著降低有紧密联系。β-胡萝卜素摄入量越高,老年人由心脏问题引起的死亡率就越低。

目前有关类胡萝卜素和心血管疾病之间关系的数据还在迅速积累。血清中含有大于 $0.4 \sim 0.5 \mu mol/L$ 胡萝卜素和 $2.2 \sim 2.8 \mu mol/L$ 维生素 A 可以降低患缺血性心脏病的危险。

虽然以上结果和假设基本是正向的,但其他的一些流行病学研究结果却提出了不同的看法。例如,芬兰人对心脏病具有易感性,芬兰人也许是由于基因的不同而使他们更容易患心脏病,这种易感性和他们血浆中抗氧化物质的高浓度没有关系。把芬兰人排除在外,或者专门设立一个"芬兰因子"时,跨国流行病学研究结果显示 β-胡萝卜素在降低心脏病引起的死亡中起到了显著的作用。

在其他显示相反结果的研究中也可能存在类似"芬兰因子"的干扰因素。在这样的一些研究中,可能是分析之前没有正确地储存样品或者没有用风险因子校正数据,如储存温度控制得不好就会使维生素 A 含量的估计值受到影响。维生素 A 的血浆浓度受体内主要储存场所(肝和脂肪组织)中维生素调动的严格调节。因为这种缓冲作用,增加维生素 A 的消耗可能在短时间内不会引起血浆中维生素 A 浓度的任何变化。

2. 分析结果的生物关联性

人们摄取很少的类胡萝卜素就能够预防心血管疾病,也可能预防癌症。通过临床和流行病学的研究证实,类胡萝卜素是血浆的有效成分,对抵御疾病有很大作用。为了对患疾病风险和健康问题进行评估,有研究检测几个澳大利亚人群中环状类胡萝卜素和抗氧化维生素的浓度水平。

澳大利亚 Torres 海岛上的土著居民患心血管疾病(CVD)的风险很大,还包括糖尿病。CVD 是导致土著居民高死亡率的主要病因。已经发现土著居民身体中环状类胡萝卜素浓度与英国凯尔特人后裔的澳大利亚人和其他人口相比低很多,据报道他们食用的蔬菜和水果较少。因此,饮食因素是导致这些土著居民高死亡率的原因。

希腊移民同样有很高的患 CVD 的风险,但是,他们的 CVD 死亡率还是比澳大利亚出生的人群低一些,与土著居民相比则更低。20 世纪 50—60 年代,移民澳大利亚的希腊人大多都维持传统的地中海饮食习惯。他们的食谱中包括很丰富的蔬菜和水果,尤其是绿色阔叶蔬菜,这反映了他们的血浆中具有相对高的黄体素、番茄红素和玉米黄质浓度。在希腊移民的血浆中还发现了一些高浓度的未得到确认的介于黄体素和玉米黄素之间的化合物。这些未确认的类胡萝卜素应该是黄体素、番茄红素和玉米黄质的氧化代谢物,或者是水果和蔬菜其他组分的氧化代谢物。

类胡萝卜素具有调节生理功能以防治慢性疾病的作用。目前,心血管疾病是由于氧化胁迫、炎症、血脂蛋白异常、内皮系统功能失调等相互作用引起的。已经确认某些类胡萝卜素对动脉破损和炎症(包括尿蛋白排泄物)有抑制效应,而对硝苯磷脂酶的活性有刺激效应,这种酶对 HDL 的保护功能有部分的调节作用。类胡萝卜素对脂肪和 DNA 被氧化有抑制效应。类胡萝卜素还有调节细胞间相互作用的功能。例如,番茄红素能抑制单核细胞和内皮细胞的结合(动脉硬化过程的一个基本步骤)。另外,类胡萝卜素也有调节免疫系统应答和细胞间联系的功能。

对类胡萝卜素防治由生活方式引起的疾病研究到现在还是非常热门的。而类胡萝卜素的生理功能和饮食功用的研究要求灵敏、准确和有效的方法。这些方法的进步将对防治慢性疾病的基础临床和公共卫生研究项目产生重要意义。

3. 类胡萝卜素与动脉粥样硬化

现在已经证实低密度脂蛋白主动脉粥样硬化的发病过程中对细胞后代产生的氧化修饰作用非常重要。在 LDL 进行氧化修饰之前,一般认为生育酚对动脉粥样硬化的发病过程起决定作用。然而,LDL 氧化作用的不同滞后时间也可以是由于其他抗氧化剂包括类胡萝卜素的存在而引起的。虽然 β-胡萝卜素在 LDL 中的浓度远低于生育酚,但在保护 LDL 不被氧化的过程中,β-胡萝卜素起了重要的作用,番茄红素在 β-胡萝卜素之前被消耗。六氢番茄红素在 LDL 总体的抗氧化作用中也起了很重要的作用,它在番茄红素之后、β-胡萝卜素之前的 LDL 过氧化阶段被消耗。

LDL 中类胡萝卜素的保护作用取决于氧自由基最初攻击的部位。如果攻击发生在脂肪/水中间相,则更高极性的类胡萝卜素如玉米黄素和黄体素会比较有效。然而,如果发生在脂肪相,则低极性的类胡萝卜素如番茄红素和胡萝卜素等将更重要。在高胆固醇兔模型体内,血管内壁依靠 β-胡萝卜素的作用而保持着血管舒张。而这种改善与游离的 LDL 或含有 β-胡萝卜素的 LDL 的氧化性没有关系,更有可能是它和血管组织中的 β-胡萝卜素含量关系紧密一些。

β-胡萝卜素应该是在血管壁上对 LDL 的氧化修饰作用进行抑制的。非极性类胡萝卜素像 α-胡萝卜素、β-胡萝卜素和番茄红素,在 LDL 中(约 60%)传输得比在 HDL(约 25%)中或 VLDL(约 15%)中更多,而极性类胡萝卜素(如玉米黄素、黄体素、玉米黄质等)在 HDL 和 VLDL 中传输得更平均一些。

作为抗氧化剂,维生素 A 较之维生素 E 的活性要弱 3 倍,但当两者共存时它们具有抵抗脂类过氧化反应的相加效应。这种增效作用是因为两种化合物在膜内的不同物理部位起保护作用,而不是因为它们之间有任何相互的物理作用。维生素 E 是在外表面减缓氧化,类胡萝卜素和维生素 A 则是保护膜的内部。类胡萝卜素和维生素 E 之间不会直接发生相互作用,但类胡萝卜素在竞争烷氧自由基时能代替维生素 E 的作用。

(五)类胡萝卜素对转录的调节与抗癌机理

对类胡萝卜素的摄取量与癌症的关系进行的评估结果显示,类胡萝卜素的摄取量与肺癌、结肠癌、乳腺癌和前列腺癌的发生率呈负相关,并证实了番茄红素可抑制乳房细胞、子宫内膜细胞、肺部细胞和白血病病变细胞的生长。

不同类胡萝卜素具有抑制不同类型癌细胞扩散的能力,大量的流行病学研究证实了这些植物类胡萝卜素的防癌作用。类胡萝卜素是一种广泛存在于果蔬中的脂溶性色素,在预防疾病和保护人体健康方面发挥着重要功能。类胡萝卜素可以通过改变许多蛋白质的表达水平,包括连接蛋白、第二阶段酶、细胞周期蛋白、细胞周期蛋白依赖激酶等,对癌细胞的生长进行调节以起到抑制剂的作用。类胡萝卜素可以改变蛋白质的表达水平,说明它们的作用是利用相关的转录因子来调控转录过程,这种转录系统在低亲和力和特异性条件下被不同的配合基活化,这种相互作用引起了细胞生长的协同抑制作用。

1. 癌细胞生长在蛋白质表达水平上的抑制机理

(1)缝隙连接通信。类胡萝卜素能增强细胞间的缝隙连接通信,并诱导连接蛋白(一种缝隙连接结构的组分)的合成。缝隙连接通信的丧失会导致恶性转化,其恢复也能倒转恶性转化过程。

(2)生长因子。生长因子是癌细胞生长的重要因素,IGF-I 是主要的癌症发病因子。血液中高水平 IGF-I 提示患乳腺癌、前列腺癌、结肠癌和肺癌的概率增加。降低血液中 IGF-I 水平和癌细胞中 IGF-I 的活性可减少相关的癌症患病风险。番茄红素可以降低血液中的 IGF-I,并且可以抑制 IGF-I 在人体癌细胞中的有丝分裂行为。番茄红素疗法可明显降低乳房癌细胞中 IGF-I 对胰岛素受体底物的磷酸化,以及 DNA 与 AP-1 转录因子的结合能力。这些作用与有关膜连接的 IGF 结合蛋白(IGFBP)的增加说明番茄红素具有对 IGF-I 发出信号的抑制作用。

(3)细胞周期进程。生长因子在细胞周期调节(主要是 G_1 期)中起了重要作用。番茄红素治疗 MCF-7 乳房癌细胞,可以减缓 IGF-I 刺激的细胞周期进程,同时不会发生细胞的坏死或细胞凋亡。在其他癌细胞,如白血病、子宫内膜癌、肺癌和前列腺癌细胞中,番茄红素可诱导细胞周期的 G_1 期和 S 期延迟。α-胡萝卜素的类似作用已在人类神经细胞瘤细胞中被证实。

同样,β-胡萝卜素在人类正常纤维原细胞 G_1 期诱导了细胞周期的延迟。有实验证明生长因子主要是在 G_1 期影响了细胞周期进程。另外,细胞周期蛋白 D_1 是一种致癌基因的产物,在许多乳腺癌细胞系中过分表达。

在番茄红素存在的情况下,由于血清分离而停止生长的癌细胞即使再次加入血清也无法重返其细胞周期,这种抑制作用与细胞周期蛋白 D_1 水平的降低有关。

(4)与细胞分化相关的蛋白质。将成熟细胞诱导分化,形成具有不同功能、类似于正常细胞的成熟细胞,可以作为化疗的一种替代疗法,这就是所谓的分化疗法。分化疗法可有效地治疗急性白血病。在实验室和临床使用的分化诱导物包括维生素 D 及其类似物、类维生素 A、聚胺抑制物等。

单独用番茄红素也能诱导 HL-60 早幼粒细胞、白血病细胞分化。其他类胡萝卜素如 β-胡萝卜素和黄体素也有类似作用。

番茄红素的分化作用与提高几种与分化相关的蛋白质的表达有关,这些蛋白质包括细胞表面抗原、氧气猝发氧化酶和趋化性多肽受体等。

2.类胡萝卜素与转录

类胡萝卜素调节了细胞增殖、生长因子发出信号、缝隙连接细胞间通信的基本机制,并改变了参与这些过程的许多蛋白质的表达,如连接蛋白、细胞周期蛋白、细胞周期蛋白依赖激酶及其抑制物。类胡萝卜素可以影响众多不同细胞的途径,多种蛋白质表达中发生的变化显示,类胡萝卜素的关键作用在于转录调节。这可能是因为类胡萝卜素分子之间的相互作用,或其衍生物与转录因子如配体激活的核受体之间的相互作用,或是对转录活性的间接调节作用,如通过细胞氧化-还原作用状态的变化影响氧化-还原敏感性的转录系统,如 AP-1 和抗氧化剂应答元件(ARE)。

(1)对转录的调节。类胡萝卜素与基因调控有一定的关系。它们之间主要的相互作用是连接蛋白和几种类胡萝卜素(主要包括能形成维生素 A 的类胡萝卜素,如 β-胡萝卜素,以及不能形成维生素 A 的其他类胡萝卜素,如角黄素)之间的相互作用。

连接蛋白调节细胞间直接的连接通信,它是连接蛋白家族分子中最广泛表达的成员。连接蛋白形成间隙连接的结构单位,穿过邻近的组织细胞,而这些组织又能允许金属离子和一些小分子从一个细胞传递到另一个细胞。类胡萝卜素在调节基因表达方面的另一个作用是不抑制直接活化的基因毒物,但能够抑制代谢活化的基因毒物。

(2)类维生素 A 受体。维甲酸是类维生素 A 配体的亲本化合物。它通过两类核受体,即维甲酸受体(RAR)和类维生素 A 的×受体(R×R)在细胞增殖和分化中发挥着多重作用。全反式维甲酸只与 RAR 结合,而它的异构体 9-顺式维甲酸结合 RAR 和 R×R。在和 DNA 结合后,R×R/RAR 异二聚体通过配体依赖的方式调节维甲酸靶基因的表达。R×R 也能和其他核激素受体超家族的成员形成异二聚体如甲状腺激素受体、维生素 D 受体、过氧化物酶体增殖物活化受体以及其他带有未知配体的孤儿受体。

某些脂肪族直链类胡萝卜素的衍生物可以活化类维生素 A 受体,而不是类胡萝卜素本身。而只有当这些衍生物存在于原生质或组织中时,才会凸显其生理学意义。

不仅是类维生素 A 受体,其他转录系统也可能成为类胡萝卜素或其衍生物的后续目标。其中包括 AP-1、抗氧化剂应答元件(ARE)、NF_kB、过氧化物酶体增殖物活化受体和异源受体等孤儿受体。

(3)AP-1 转录系统。转录因子 AP-1 是一种调节蛋白复合物,它通过与靶基因上的 AP-1 结合位点结合来调节转录,以此对环境的刺激做出反应。AP-1 是由原癌基因家族成员所编码的蛋白质组成的,这些蛋白质形成同二聚体或异二聚体复合物。AP-1 转录系统能被生长因子、肿瘤启动子所诱导,使其成为类胡萝卜素抗癌活性的目标之一。β-胡萝卜素的分裂产物较强地抑制了 AP-1 的转录活性,番茄红素也能抑制 AP-1 的活性。相反的是,喂食了高剂量 β-胡萝卜素的雪貂暴露在香烟烟雾环境下时会提高其 AP-1 蛋白的表达。这种对 AP-1 转录系统的活化作用,可以部分解释吸烟人群和石棉工人患肺癌的概率很高的原因。

(4)抗氧化剂应答元件。谷胱甘肽-S-转移酶(GST)、NAD(P)H[醌氧化还原酶(NQO$_1$)]、含硫醇的还原因子、硫氧还原蛋白等Ⅱ期酶的诱导作用,对于动物和人类细胞抵抗各种致癌物质都较为有效。这些酶表达的转录控制至少有部分是通过在它们基因的调节区域发现的抗氧化剂应答元件(ARE)来进行的。

一些类胡萝卜素能够诱导Ⅱ期代谢酶、p-硝基酚-尿苷双磷酸-葡萄糖醛酸基转移酶和 NQO$_1$。雄鼠用含有不同类胡萝卜素的食物喂养 15 天后,发现是虾青素和角黄素在对这些酶的诱导中表现出活性,而不是黄体素和番茄红素。番茄红素对二甲基苄胺(DMBA)诱导的田鼠颊囊肿瘤有化学预防作用,并且伴随着该肿瘤中被还原的谷胱甘肽(GSH)和谷胱甘肽-S-转移酶水平的上升,都说明番茄红素诱导了 GSH 和Ⅱ期酶谷胱甘肽-S-转移酶水平的上升,通过生成较小毒性和可迅速排泄的产物使致癌物质失活。

(5)异源孤儿核受体与其他孤儿核受体。孤儿核受体在结构上与核激素受体相关,但缺少已知的生理配体。被称为异源受体的孤儿核受体族是抵抗外来亲脂化合物(异源物)的防御机制的一部分。这个受体家族包括类固醇和异源受体/孕烷×受体(S×R/P×R)和芳基碳水化合物受体(AhR)等。这些受体会对大量的药物、环境污染物、致癌物、食物和内源化合物作出反应并调节细胞色素 p450(CYP)酶、共轭酶,降低其所含转座子的表达水平。

异源孤儿核受体可能成为类胡萝卜素或其衍生物的后续目标。除了前面所说的Ⅱ期异源代谢酶之外,一些类胡萝卜素还能够诱导 CYP 酶(Ⅰ期解毒途径的成分)。虾青素和角黄素可诱导鼠肝 CYP1A1 和 CYP1A2,β-阿朴-8'-胡萝卜素也具有类似的作用,而 β-胡萝卜素、黄体素和番茄红素却没有表现这方面的活性。在鼠体内检测的几种类胡萝卜素(β-胡萝卜素、胭脂素、番茄红素、黄体素、角黄素和虾青素)中,只有胭脂素、角黄素和虾青素能够诱导肝、肺和肾中的 CYP1A1 活性及肝和肺中的 CYP1A2 活性。

对小鼠使用番茄红素的剂量为 $0.001\sim0.1g/kg$,发现番茄红素是以剂量依赖的方式诱导肝 CYP 型 1A1/2、2B1/2 和 3A。因为观察到极少量的番茄红素血浆水平就可诱导酶活,因此由类胡萝卜素调节的药物代谢酶可能与人类相似。人体中 CYP1A2 的活性与微量营养素的血浆水平相关,血浆中黄体素水平与 CYP1A2 活性呈负相关,而番茄红素水平与该酶活性呈正相关。这种相关性是通过异源受体起作用的。

在体外转录系统中检测类胡萝卜素对异源受体系统的直接作用,发现在短暂转染的 HepG2 肝瘤细胞中,β-胡萝卜素可以通过与利福平相似的方式反式激活 P×R 报告基因。而且,在这些细胞中还出现了 CYP3A4 和 CYP3A5 的上调作用,这些结果表明了类胡萝卜素在异源代谢中的潜在作用。

孤儿核受体是一个对健康人和人类疾病都有影响的新调节系统的关键性资源。以上内容说明受体家族中至少有一支异源受体受到类胡萝卜素的作用。因此,其他未知的孤儿受体也很可能与类胡萝卜素的细胞行为有关。

三、类胡萝卜素的开发应用

类胡萝卜素化合物作为一类天然色素,已列入我国食品添加剂国家标准。联合国粮农组织和世界卫生组织食品添加剂委员会一致推荐并认定 β-胡萝卜素为 A 类营养色素。然而,天然类胡萝卜素潜在的健康效果似乎更令人关注。针对此,今后含有类胡萝卜素的食品的开发应该把握以下三个方向:

(一)β-胡萝卜素替换维生素 A 制剂中的维生素 A

过量摄取维生素 A 所带来的毒副作用已引起世界各国的关注,我国也不例外。然而,β-胡萝卜素与维生素 A 不同,它不会引起过量摄取的问题,于是可作为安全的维生素 A 原(或维生素 A 前体物质)。实际上,人群连续 3 个月每日摄取 60mg 的 β-胡萝卜素,1 个月后血清胡萝卜素水平可以从 $128\mu g/100mL$ 上升至最高的 $308\mu g/100mL$(2 倍多),但是维生素 A 水平却几乎不变,而且也观察不到维生素 A 过量症状。国外在 20 世纪 60 年代还进行了一项有关 β-胡萝卜素的慢性毒性试验,以鼠为对象,历时 4 代,总共饲养达 110 周之长,结果任何一代鼠当中都没有出现什么有害的影响。

可见,β-胡萝卜素可作为一种安全的维生素 A 原。在很多国家(包括我国），维生素剂作为一类健康或营养食品已广为人们所接受。其中，用β-胡萝卜素来替换维生素剂中的维生素 A 已成为一种必然的趋势。

（二）含β-胡萝卜素食品的形态多样化

目前，已成功地采用微生物发酵生产β-胡萝卜素，于是各种含有β-胡萝卜素的食品相继上市。瑞金已开发出各种系列的β-胡萝卜素制品，或其他类胡萝卜素产品。采用天然β-胡萝卜素植物油悬浮液"生物胡萝卜素-30""生物胡萝卜素-04"进行制备明胶软胶囊剂健康食品。另外，"水溶性生物胡萝卜素-02"可分散于水，呈透明均一的性质，该产品可广泛地应用于诸多以减轻紫外线损伤为目的的饮料当中。

此外，利用类胡萝卜素产品开发一些新型健康食品，如含有天然β-胡萝卜素的糖果、含有类胡萝卜素（包括β-胡萝卜素或番茄红素）的软或硬胶囊功能性食品。也可以同时利用类胡萝卜素的着色和健康功能，开发一些新型饮料，或其他食品。总之，类胡萝卜素食品的形态多样化是它未来发展的一个新热点。

（三）类胡萝卜素复合化

人们的膳食中大致含有 50～60 种类胡萝卜素化合物。现在，在人的血浆中也发现 22 种以上的类胡萝卜素以及 8 种以上的代谢产物。其中，主要类胡萝卜素化合物包括有β-胡萝卜素、α-胡萝卜素、番茄红素、叶黄素、玉米黄质及隐黄质 6 种。事实上，诸多微藻中的生物类胡萝卜素的组成也是由多种类胡萝卜素化合物组成的，如β-胡萝卜素 94.5％、α-胡萝卜素 3.6％、叶黄素 0.4％、玉米黄质 0.6％及隐黄质 0.6％。

不同类胡萝卜素化合物之间存在一定的相互协同效果。不同类胡萝卜素在机体内存在的位点有所不同，而且对"标的"的作用机制也可能会有所差异。可见，类胡萝卜素复合化，不仅符合生物体对类胡萝卜素营养的需求，也是体现类胡萝卜素最佳效果的一种途径。因此，利用类胡萝卜素之间的相乘效果开发一些新型类胡萝卜素的健康或功能性食品，也将是类胡萝卜素的一个重要发展方向。

第六节　花青素与原花色素物质及其开发应用

花青素又被称为花色素,是自然界一类广泛存在于植物中的水溶性天然色素,是花色苷水解而得到的有颜色的苷元。水果、蔬菜、花卉中的主要呈色物质大部分与之有关。在植物细胞液泡不同的 pH 值条件下,花青素使花瓣呈现五彩缤纷的颜色。

原花色素是一类黄烷醇单体及其聚合体的多酚化合物。原花色素是植物中的一种色素成分,广泛存在于各种植物中。原花色素除对人体免疫系统起着绝对作用外,自然界中所有会变色的植物都含有原花色素,所以多吃蔬果有益于皮肤及身体健康。

一、花青素与原花色素的一般分类

(一)花色苷类

花色苷类是类黄酮化合物中的一类,而且是一类最为人们所熟悉的天然色素,对大量植物以及它们的制品的蓝、紫、紫罗兰、洋红、红以及橙等色泽起着主要的贡献。花色苷所表现出来的突出色泽经常被作为鉴定含有此类色素的食品以及评价消费者对它的接受程度的基础。然而,尽管它们具有非常诱人的色泽,但是它们作为食用色素在食品工业上的应用仍受一定的限制。一方面,它们对酸碱、温度、光等因素不稳定;另一方面,它们的萃取以及纯化制备往往较为困难,而且费用也较高。

由于花色苷存在一种较大的缺陷,即较差的稳定性,所以目前有关花色苷的大量国内外报道都聚焦于如何提高它的稳定性。这多多少少会影响人们对花色苷的其他方面研究的进展,特别是生理活性功能方面。花色苷种类繁杂,纯品分离制备都较困难,这也必定会影响人们对它的研究范畴。

(二)原花色素类

单宁一般指鞣酸,鞣酸是一种有机物,化学式为 $C_{76}H_{52}O_{46}$,是由五倍子中得到的一种鞣质。为黄色或淡棕色轻质无晶性粉末或鳞片;无臭,微有特殊气味,味极涩。溶于水及乙醇,易溶于甘油,几乎不溶于乙醚、氯仿或苯。其水溶液与铁盐溶液相遇变蓝黑色,加亚硫酸钠可延缓变色。在工业上,鞣酸被大量应用于鞣革与制造蓝墨水。鞣酸能使蛋白质凝固。人们把生猪皮、生牛皮用鞣酸进行化学处理,能使生皮中的可溶性蛋白质凝固。此类物质广泛地分布于植物或植物来源的食品,包括水果、豆类、谷物以及不同饮料(如葡萄酒、茶、可可以及苹果汁)等。正由于此,它赋予富含此类物质的食品一种常见的涩味特征。鞣酸在植物对病原体的保护或者阻止草食动物摄食方面起重要作用。

单宁通常分为两大类:一类为可水解单宁,是酚酸以及一些多羟基化合物(通常为糖)的酯化合物,酚酸可以是没食子酸,如没食子酸酯单宁,也可以是其他由没食子残基氧化而来的酚酸类,如鞣酸酯单宁;另一类单宁为浓缩型单宁,后来也称之为原花色素,在人们的膳食中更为常见。它们是由黄烷-3-醇基本单元组成的聚合物。原花色素的一个主要特征是其在酸性介质中受热会产生花色素化合物,这也是它们名称的由来。

长期以来,人们对单宁的关注更多的是有关它们在动物中的抗营养效果。摄食大量单宁物质的动物会出现不同程度的毒副作用,包括肝毒害、生长受到抑制等。不过,投与适当量的单宁物质(2%~4%DM),可提高动物的健康状态,包括降低寄生虫的毒害、消除肿胀等。近几年,也有学者探讨了一些单宁物质对人体健康的影响,也观察到相似的有益结果。目前,有关原花色素以及类单宁化合物对癌症与心血管疾患的突出的保护效果已引起世人极大的关注。

二、花青素与原花色素的生理功能

(一)花色苷类的生理功能

五颜六色的蔬菜、水果或谷物食品中含有的花色苷是一类多酚类化合物,不仅可作为诸多天然食品的特征成分(或色泽),还可起到预防疾病、维持健康的效果。

花色苷种类繁多,而且较难制备,且花色苷不稳定,还受热、光、酶类或一些添加剂的影响。不过,随着人们对天然食品的不断追求,作为天然食品的特征成分,花色苷的以下生理功能将会为人们所看好。

1. 抗氧化功能

红葡萄酒中的天然花色苷在消化过程中随着 pH 的上升,它们可能会形成查尔酮等化合物,这些化合物可被小肠吸收,进入血液循环,可显著抑制肌血球素诱导的亚油酸过氧化反应,其活性甚至强于儿茶素。而且花色苷对由 H_2O_2 诱导的鼠脑均质物脂质过氧化作用有较好的抑制效果。

红葡萄酒中的多酚类化合物清除自由基的活性一直是很多学者的关注焦点,而在红葡萄酒多酚化合物中,花色苷占有相当的份额,它们对红葡萄酒的清除自由基活性也有着较大的贡献。

2. 改善肝功能

花色苷化合物具有较强的肝解毒效果,显著地减轻了肝中毒。其实,大部分花色苷化合物都具有一定的肝解毒效果。

连续 5d 口服 100mg/kg 以及 200mg/kg 的花色苷化合物可显著地降低血清中肝酶(如丙氨酸以及天冬氨酸氨基转移酶)的水平,而且减轻了氧化对肝的损害。对鼠肝进一步进行组织学检查,揭示锦葵属色素还可减少肝损伤的发生率,包括发炎、白细胞渗透以及由 t-BHP 诱导的细胞坏死。花色苷化合物在抑制生体内的氧化损伤方面起着较大的作用。其实,生体内的氧化损伤主要是由自由基引起的,而花色苷具有较强的清除自由基活性的作用,因此它们保护生体内诸多氧化损伤的作用也在意料之中。

3. 抗病毒功能

黑加仑萃取物中含有大量的花色苷类化合物,如飞燕草素、中基花青素、矢车菊素,也含有一些有机酸类。采用该萃取物的稀释液($10^{-1} \sim 10^{-2}$)与流感 A 型或 B 型病毒相混合,于 37℃ 下放置 30min,在 pH=2.8 条件下使这两种病毒失活率达 99.9% 以上,在 pH=7.2 条件下的抑制率也达 95.2%~99.8%。黑加仑萃取物对疱疹病毒也有较强的抑制效果。然而,这种病毒抑制效果是否主要由花色苷化合物导致的还不确定,仍需要作进一步研究。

(二)原花色素类的生理功能

1. 抗病毒活性

有关单宁的抗病毒活性也早为人们所熟悉,这种活性主要是由于单宁分子吸附于病毒的蛋内外壳或宿主细胞膜而起作用的缘故。正由于此,病毒至宿主细胞的吸附以及相继的渗透过程就被抑制。然而,在一些场合,这种吸附作用仅引起病毒表面微小的变化,从而不能完全地抑制病毒的渗透,但是仍可抑制病毒的脱壳过程。

2.抗变异活性

单宁酸可抑制(±)-7B,8a-二羟基 9a,10a 过氧-7,8,9,10 四氢苯并芘(B[a]P-7.8-二醇-9,10-过氧物)的诱变性。相类似地,单宁酸也可抑制 B[a]P4,5 过氧物、苯[a]蒽、苯[c]菲、N-甲基亚硝基脲及 N-甲基-N-硝基 N′-硝基胍等的变异活性。

另外,表没食子儿茶素、表没食子儿茶素没食子酸酯及酚酸类化合物也具有一定的抗变异效果。

三、花青素与原花色素的开发应用

(一)花色苷类的开发应用

“色”与味一样是食物的两大感官要素之一。一般而言,人都是通过眼睛而引起食欲。因此对食品来说着色非常重要。在实际中,作为天然色素的花色苷已广泛应用于果酱、果汁、腌制品、葡萄酒、果冻、饮料、冰激凌、糖果等食品。花色苷具有非常优越的生理功能作用,可见它也可以作为一类功能性食品基料开发。花色苷可作为一类具有高附加值的天然色素,也许这一点是将来人们选择花色苷色素的一个重要筹码。利用花色苷的生理功能,如治疗眼科疾患、预防血管损害、抗氧化作用及降低胆固醇作用等,期待进一步开发出新型的花色苷食品。

花色苷色素在食品中的应用,需要考虑以下三个方面:

(1)花色苷的耐热性及耐光性。

(2)筛选具有优质色彩及色调的花色苷。

(3)筛选具有抗氧化性及抗突变性等生理功能的花色苷等。

(二)原花色素类的开发应用

1.葡萄籽萃取物原花色素的开发应用

葡萄籽来源的原花色素具有非常优越的生理功能,特别是具有预防心血管疾病的效果。我国葡萄品种齐全,产量大,特别是新疆葡萄闻名中外。目前,葡萄已成为新疆的一大支柱产业,葡萄的深加工也已成为主流。然而,在葡萄深加工的过程中不可避免地出现许多副产物,如葡萄籽、葡萄皮等。此类副产物在过去往往都是废弃,或作为饲料喂猪。也曾经试过从葡萄籽中提取葡萄籽油,但提取油之后的残渣仍废弃。此类副产物中富含很多生物活性成分,具有很高的开发利用价值。其中,从葡萄籽中制取葡萄多酚(主要为原花色素)就是一种前景很好的开发途径。

有关葡萄籽原花色素的疾病预防机制,包括抑制动脉硬化作用、抑制胃溃疡作用、癌抑制作用等。其中,精制的葡萄籽萃取物的生理功能明显要优于没精制制品,因为精制后葡萄多酚的纯度得到很大程度的提高。可见,葡萄籽萃取物(原花色素)可作为心血管患者、胃溃疡患者及癌症患者的首选功能性食品。另外,葡萄籽来源的原花色素可降低伴随运动而上升的血过氧化脂质,因为运动会导致体内活性氧亢进,从而导致血液中的脂质被大量氧化。而且,葡萄籽来源的原花色素还具有一定的抗肌肉疲劳效果。因此,葡萄籽来源的原花色素可应用于一些运动食品,从而提高运动员体内的抗氧化水平。

2. 苹果多酚的开发及应用前景

成熟苹果的主要多酚类为绿原酸、儿茶素类及原花色素等,而未成熟的苹果中还含有较多的二羟查尔酮、槲皮素等化合物。苹果中的高分子酚主要为缩合型单宁(即原花色素),缩合单宁的聚合度范围一般为 $2\sim15$,其含量大约占总酚的 $40\%\sim50\%$。构成苹果多酚的儿茶素类主要为(一)—表儿茶素和(十)—儿茶素两种,缩合单宁的组成成分主要为此两种化合物。

苹果中的多酚含量特别是绿原酸和表儿茶素在成熟过程中会有所下降,收获贮藏期间甚至会急剧下降。因此,开发苹果多酚类产品,要注意到这一点,即要选用未成熟的苹果作为原料。

苹果多酚具有非常突出的功能特性,包括抗氧化性、抗过敏作用、抗龋齿作用、消臭作用、抗变异性以及预防高血压等。其中,它的抗氧化性远远优于目前市场上的茶多酚,这不得不令人对它另眼相看。利用这些生理功能,可开发一些以抗氧化或预防衰老、预防高血压、预防过敏及预防龋齿等为主要功能定位的功能性食品或健康食品。

苹果多酚除可开发功能性食品之外,还作为一种非常优异的抗氧化剂,广泛地应用于食品工业。其范围领域涉及水产制品、畜肉制品、面包制品、油脂或含有油脂的食品、清凉饮料等。

第六章　不同来源的植物生理活性物质研究

植物生理活性物质对人体最佳健康状态的维持起着重要作用。本章将从葱蒜中的植物生理活性物质、菌菇中的植物生理活性物质、茶资源中的植物生理活性物质、海洋资源中的植物生理活性物质四个部分,简述不同来源的植物生理活性物质研究。

第一节　葱蒜中的植物生理活性物质

一、大蒜中的植物生理活性物质

"大蒜在厨房里是一种不可或缺的调料,它既可提香,又能杀菌,尤其所含的大蒜素,有强烈的杀菌作用,是一种广谱的抗菌药,经常食用大蒜,对疾病的预防治疗会起到一定的作用。"[①]

追溯到公元 1 世纪,世界上描述大蒜药物作用的第一人是一位罗马医生,他首先发现了大蒜瓣挤出的汁能制成药膏,可以治疗难以愈合的溃疡面和皮肤炎症,并且服用大蒜可以提高食欲,能治疗咳嗽和肠道疾病。大蒜作为药物最早是被收载于《本草经集注》中,书中述:"其性味辛温、功效普遍。"当时,民间也常用大蒜治疗虚劳顽痹、防治钩虫病等。

在抗生素还没发明以前,许多国家就是都把大蒜作为一种重要药品来治疗各种疾病。另外,大蒜在工农业生产上还有广泛应用。农业上,用乙基大蒜素防治稻草热病和棉花苗期病害;畜牧业上,用大蒜粉作为公猪发情促发剂。

(一)大蒜的主要成分

现代医学研究发现,大蒜的品种多、成分复杂,包括常规营养成分以及

---

① 韩冰.大蒜的药用[J].现代养生,2020,20(11):32—33.

蒜氨酸、大蒜辣素和大蒜新素等,主要包括蛋白质、脂肪、低聚肽类、柠檬醛、糖类、多种矿物质(含磷量最高,其次为镁、钙、铁、硅、铝、锌、铜等)、胡萝卜素、多种微量元素(如硒、锗)和维生素(如维生素 A、维生素 B、维生素 B_2、维生素 C)、烟碱酸、叶酸、酶(除蒜氨酸酶外,还有水解酶、聚果糖苷酶、转化酶、过氧化酶等)、17 种氨基酸(赖氨酸、缬氨酸、亮氨酸含量较高,蛋氨酸含量较低)以及多种硫醚化合物、芳樟醇、前列腺素、皂苷、水芹烯等活性物质,另含有硫代二烯丙基、三硫化二烯丙基、阿交烯(蒜素和二硫化二烯丙基的结合产物)。近年来,临床证实,大蒜及其水提液、有效单体及其降解产物具有多种生理作用,这些成分是大蒜防病、抗病的物质基础。

大蒜的营养成分(新鲜鳞茎每 100g 中各成分的含量),在蛋白质总量中,氨基酸占 5.07g,其中含人体必需氨基酸 7 种共计 1256.9mg,为总氨基酸量的 24.8%。

大蒜作为一种蔬菜,仍可称是出水做成的,水含量达 70%。但大蒜所含的各种营养成分较为全面,含量又较为合理,是一种蔬菜佳品。特别是,其中锗的含量在植物界中名列第一。

现今,经过不懈的努力,人们利用各种先进技术从大蒜中分离出了各种活性物质。大蒜中起主要药理作用的成分有大蒜油、大蒜辣素、蒜氨酸等。

大蒜含挥发油 0.2%,具有辣味和臭味。挥发油内含蒜氨酸、大蒜辣素、大蒜新素、多种烯丙基以及丙基和甲基组成的硫醚化合物、柠檬酸、芳樟醇、丙醛、戊醛以及多种谷氨酰肽等。此外,大蒜油还含有大蒜辣素和硫胺素反应的产物:大蒜硫胺素。

大蒜辣素又称为蒜素,是一种植物杀菌素、植物中的"青霉素",存在于大蒜的挥发油中,含量约为大蒜的 1.5%,是黄色有强烈臭味的液体,遇热、遇碱均易失效,但不受稀酸影响,水中溶解度 2.5%,水溶液呈弱酸性,可与乙醇、乙醚和苯混合。经提炼,大蒜辣素为无色油状液体,气味与大蒜一致,但性质不稳定,具有特别的刺激性臭味。新鲜大蒜中并无大蒜辣素,但存在其前体,为一种无色无臭的含硫氨基酸,蒜氨酸,又名蒜素原,在蒜酶的作用下,分解产生蒜辣素和二丙烯基二硫化物,后者为大蒜降血脂、增强纤溶活性的有效成分。

大蒜素被誉为是天然的广谱抗菌药,对多种致病菌和皮肤真菌等有明显的抑菌或杀菌作用。另外,大蒜全植株中还含有甲基半胱氨酸亚砜、环蒜氨酸、大蒜制菌素和大蒜配糖体等。

目前,对大蒜成分的研究还远远没有结束。大蒜成分十分复杂,所含生物活性物质很多,并且能相互演变和转化。

(二)大蒜活性物质的分离提纯

目前,人们已经利用各种技术,从大蒜中分离提纯得到了多种活性物质和有效成分。现今,提取蒜油的方法主要有水蒸气蒸馏法、溶剂浸出法和超临界二氧化碳萃取法。

还有一种蒜油、蒜渣(粉)和蒜汁综合开发的方法,即乙醇浸取法与超临界二氧化碳萃取法结合的工艺流程。首先,用乙醇浸取法提取大蒜中的蒜油,分离出残留蒜渣,蒜渣采用干蒜粉加工法,加热脱除溶剂、脱臭、脱水干燥,生产固态蒜片、蒜粉等制品;接着,乙醇浸取蒜液采用超临界二氧化碳萃取法,萃取釜底分离出含水可溶性固形物的母液,可作为无臭蒜汁制品的原料,萃取釜顶的二氧化碳、乙醇和蒜油的混合液体可通过减压闪蒸分离器分离获得蒜油萃取物产品;最后,分离出的乙醇和二氧化碳可返回系统。

对于大蒜中有效成分的分离提纯工作还在进行中,有必要继续摸索工艺条件、操作参数等,如研究前处理酸碱度、放置时间、温度、溶剂浓度等对蒜素提取得率的影响,以保证进一步提高分离提纯的效果。

(三)大蒜活性物质的药理学作用

目前,临床医学已证实大蒜所含的各种主要有效成分具有助消化、健胃、消食、抗菌杀菌、抗凝血、调节血脂、降血压、降血糖、降低胆固醇、抗氧化、抗凝血(预防老年人血栓、防治脑梗死)、抗肿瘤(尤其是防治胃癌)、保护肝脏、保护神经系统和冠状动脉(防治动脉粥样硬化)、防治冠心病、高血压、增强人体防病抗癌能力、改善病人体质和提高机体免疫力等多种功用,特别适用于防治细菌、病毒、霉菌引起的感染,如各类感冒、急慢性胃肠道炎症及溃疡性疾病、呼吸道感染性疾病、结核性疾病、真菌(霉菌)感染性疾病等。

1. 抗菌作用

大蒜汁、大蒜浸出液、大蒜辣素等对痢疾杆菌、沙门菌具有抑制作用。比如,对脊髓灰质炎病毒有 90% 的杀灭作用,对疱疹病毒、人类鼻病毒等有 100% 的杀灭作用,并能抑制与上呼吸道感染有关的腺病毒和柯萨奇病毒等。口嚼大蒜 5min 能杀死口腔内的全部细菌,可用于口腔消毒。但是,大蒜对绿脓杆菌与变形杆菌无明显的抑菌作用,而大蒜制剂对青霉素、链霉素、氯霉素及金霉素的耐药细菌仍保持敏感。

大蒜素中的氧原子与细菌生长繁殖所必需的半胱氨酸分子中的巯基结

合,变为了胱氨酸,胱氨酸会影响细菌体内氧化还原反应的进行,使细菌细胞变形、破裂,从而抑制细菌的生长和繁殖。

2. 抗原虫和抗滴虫作用

临床试验结果表明,阿米巴原虫、变形虫与5%～15%的大蒜浸出液直接接触后会立即失去活力。直接接触法和重蒸法实验都表明,纯大蒜汁的挥发性成分约在90～180min内可杀死全部的滴虫。所以,大蒜多用于治疗阿米巴痢疾和滴虫性阴道炎。

3. 抗真菌作用

据研究,大蒜对同心性毛癣菌、白色念珠菌、黄色毛癣菌、絮状表皮癣菌、许兰毛癣菌、狗小芽孢菌、铁锈色小芽孢菌、红色毛癣菌、趾间白癣菌、皮炎芽生菌、新型隐球菌等多种致病真菌有相当强的抑制和杀灭作用,临床上用来治疗各种鹅口疮、隐球菌脑膜炎、肺部及消化道霉菌感染、白色念珠菌引起的小儿消化不良、头癣等。但是,大蒜对帚状菌类只有抑制作用而无杀伤力。

大蒜的抗真菌作用的机理为:一是氧化真菌中含硫基的蛋白质;二是竞争性抑制含硫化合物;三是抑制真菌某些酶的生理活性,最终使其迅速被灭活。大蒜的抗真菌作用强度相当于化学防腐剂苯甲酸和山梨酸,是目前发现的具有抗菌素真菌作用植物中作用最强的一种。

4. 驱肠寄生虫作用

临床研究证明,食用大蒜可使蛔虫、十二指肠虫等从小肠移向大肠,致使寄生虫在基本已无营养物质的大肠中死亡,并被顺利排出体外。

5. 抗肿瘤作用

当今,癌症已成为威胁人类健康和生命的第二大疾病,寻找有效的抗癌药物与方法、彻底攻克癌症是世界医学界重要的研究课题。由于合成药物在伴随治疗中会出现明显的副作用,因此天然药物越来越受到人们的重视和青睐。目前,全世界研究大蒜的抗癌作用取得了可喜的成果,众多资料表明:大蒜中含有的蒜素和大蒜辣素等成分有抑制病毒、抑制癌细胞、激活人体巨噬细胞、增强机体免疫力等多重作用,这就为抗癌治疗开辟了又一新的可行性的途径。

硒、锗等微量元素是生命活动的重要生物元素,也是杀伤癌细胞的得力助手。它们是一种抗氧化剂,能阻断恶性肿瘤分子氧的供给,从而抑制癌细胞。适量补充硒可防止癌变,缺乏硒时会产生一系列疾病,还会使生殖能力下降,毛发稀少。硒能降低癌细胞的诱发,还能使人体产生大量的谷胱甘肽,发挥谷胱甘肽的"手铐"作用,铐住致癌物质使其失去毒性,再由消化道清除出体外。大蒜是植物性食物中含锗元素最丰富的一种,锗元素能分解癌细胞,减缓肿瘤的生长速度,阻止癌细胞的扩散,在人体内具有抗癌防癌的作用。

将防止消化道系统肿瘤的某些食物中的化学成分及其作用进行归类:大蒜中的含硫化合物及硒元素主要作用于癌变过程的"启动阶段",通过防止致癌物的形成、干扰致癌物的活化、增强解毒活性、去除反应性代谢物等方式来避免正常细胞向癌变细胞转化。同时,大蒜中的微量成分钙离子,主要通过刺激免疫反应、阻断过氧化物的生成、抑制增生等多种方式作用于肿瘤发生的"促进阶段",进一步阻止癌细胞的形成。

大蒜素能抑制致癌性霉菌——串珠镰刀菌的生长,并阻断该菌还原硝酸盐为亚硝酸盐,减少二甲基亚硝胺的合成。大蒜提取液在 pH 为 $3.15\sim3.35$ 的条件下,能显著阻断二甲基亚硝胺、二乙基亚硝胺和二丁基亚硝胺的化学合成。

大蒜的抗癌机理还不完全清楚,发挥功效的主要成分名称也不统一,有的称蒜素,有的称大蒜提取液,有的称二硫化二烯丙基,有的称大蒜油等,它们到底是一种东西不同命名,还是分别为不同的东西,还需要进一步研究。

6.抗脂质氧化作用

大蒜中的蒜氨酸有抗氧化性及清除自由基的能力,能增加人体中性粒细胞和巨噬细胞的数量,有助于消除细胞膜的脂质氧化这一许多病理过程的共同通路。同时,大蒜还具有诱发人淋巴细胞的作用,可促进 T 细胞的激活,增强细胞吞噬系统的功能,能提高细胞免疫、体液免疫和非特异性免疫,增强机体免疫力。实验证明,大蒜注射液能增强小鼠腹腔巨噬细胞的吞噬病毒和细菌的功能。因此,大蒜具有抑制曲霉素菌生长、增强身体内"细菌杀手"的抗艾滋病病毒功能,在艾滋病病人的免疫系统受到伤害时,大蒜中的有效成分可以抑制体内发生的有巨大破坏力的机会性感染,对预防"世纪绝症"艾滋病有一定的作用。

7.抗衰老作用

抗氧化剂也叫清除剂,是一类能够抑制或阻断自由基链式反应的启动和增生(蔓延)过程,能降低自由基浓度,延缓衰老进程,提高生命活力的化合物。大蒜是超氧化物歧化酶(SOD)含量较丰富的天然植物之一,有抗氧化作用,能调节超氧化物阴离子的释放,使白细胞增多,促进血液循环,提高巨噬细胞的吞噬能力,稳定细胞,从而达到抗疲劳和抗衰老的目的,对人体器官的保养产生较大的作用。大蒜素可抑制白细胞释放反应,抑制白三烯前身物的生成,从而清除自由基对细胞的侵害而保护细胞。此外,食用大蒜,即是增加了人体对硒的摄入量,能使老年人的含硒酶活力增强、体内脂质过氧化物及时排出而防止衰老。

比较大蒜和人参发现,蒜氨酸和大蒜乙醇提取液的体外抗氧化活性、自由基清除能力要优于人参,对肝脏抑制超氧化物歧化酶的作用也优于人参,但在脑内的作用较人参弱,这就提示了大蒜有延缓衰老的功用。

8. 保护心血管作用

中国民间应用大蒜活血化瘀、通窍消积防治疾病已有千余年历史了。随着历史车轮的滚滚推进,心血管疾病已然成为威胁人类健康和生命的首要疾病。近代医学研究表明,大蒜对心血管系统有保健和治疗作用,能降血脂、降血压、降血糖、扩张血管,并能增强蛋白溶解酶的活性,抗血小板聚集,防止主动脉脂质的沉积作用,消除动脉硬化斑块,对中老年人的常见病和多发病有综合的防治作用。

9. 降血压作用

大蒜有轻、中度的降压作用,用大蒜制剂给试验性高血压的犬、猫模型经口摄取或静脉注射,实验后出现明显的降压作用。配糖体可以抑制血小板内钙离子的升高,对氯化钙及去甲肾上腺素诱导的大鼠主动脉条收缩也有抑制作用,并呈明显的剂量-效应关系,作用与维拉帕米相似。

并且,大蒜素有扩张血管的作用,其扩管作用能增进血流和减少脑水肿的危险。例如,一种新的大蒜制剂能减慢心率,增加心肌收缩力,扩张末梢血管,改善心肌的缺血状态,增加尿液排出,从而降低血压和胆固醇,临床上用来治疗高血脂、高血压及动脉粥样硬化、冠心病等。

10. 防治动脉硬化作用

血小板是人体重要的凝血因子,不同大蒜成分的抗血小板凝集能力有所区别,甲基二丙烯三硫化合物最强,其次为二丙烯三硫化合物。各种不同的大蒜制剂中均含有一种抗血小板凝集作用强烈的物质,称为阿交烯的硫化物。

大蒜中的阿交烯是一种天然抑制剂,能改变花生四烯酸的代谢,抑制纤维蛋白原的凝结及细胞核的释放反应,从而减少了血小板的聚集,阻止了血栓的形成,削弱了引发心血管疾病的诸多因素。大蒜精油能抑制由 ADP、肾上腺素、胶原等诱导的血小板聚集作用,降低血液黏稠度,改善红细胞浓集现象,改善血流纤溶活性和外周微循环,抗凝效果与剂量呈正相关。实验证明,给予大蒜素制剂之后,血小板黏附和聚集、5-羟色胺释放和血栓烷 A2 的生成指标均有明显下降,说明大蒜素具有抗血液凝集、减少血栓形成的作用,并能防止动脉硬化、治疗血栓栓塞状疾病。

人体动脉粥样硬化与血脂升高、纤维蛋白溶解活性降低、血小板凝集作用增强,以及胆固醇增高而导致血液黏稠度增加密切相关。大蒜抗血小板凝集作用的机制可能是广泛的酶抑制作用,抑制血小板中的脂氧化酶和环氧化酶,抑制血小板中的花生四烯酸代谢,抑制前列腺素合成,升高血小板的 cAMP 水平,改变血小板膜的物化性质,抑制血小板膜上纤维蛋白受体,使血小板膜上的巯基发生变化,阻断血栓素的合成,并通过增加纤维蛋白溶解系统活性、降低纤维蛋白原含量而起溶栓作用,从而影响血小板功能,对预防中老年人脑血栓和心肌梗死有功效。另外,大蒜精油能显著降低凝血因子的活性及血浆内二醛的水平,起到抗动脉粥样硬化的作用。

11.降血脂作用

中国古代中医早就推测大蒜具有降血脂、疏通血管的作用。实验表明,大蒜中的硫代磺酸酯具有很强的降血脂和养护心血管系统的作用。大蒜油中富含阿交烯,该成分能阻断血脂合成过程中起关键作用的酶(胆固醇合成酶和脂肪合成酶),起到降血脂和降低血液中胆固醇的含量、防止低密度脂肪蛋白氧化、防止血管壁沉积、降低血压的作用,从而降低了对人体有害的胆固醇、甘油三酯、低密度脂蛋白、极低密度脂蛋白,对高血脂、高血压、末梢动脉闭塞疾病的患者有很大的帮助。

大蒜降血脂的机理有三种途径:①防止脂蛋白下降,维持比值的正常水平;②防止血脂升高,减少了胆固醇和脂肪酸的生物合成;③提高纤维蛋白溶解活性,阻止参与脂肪酸和胆固醇合成的酶发挥作用。

12.降胆固醇作用

大蒜对高胆固醇、高血脂和主动脉脂质沉积的有效药用成分是烷基二硫化物、蒜氨酸和蒜辣素。大蒜油能明显抑制血清总胆固醇、游离和酯化胆固醇的进行性升高,并可降低主动脉和肝脏的胆固醇含量。

大蒜能防止血浆胆固醇升高和降低血脂,其降脂作用优于安妥明,并肯定了大蒜降胆固醇的功效,其下降幅度为 9%。高胆固醇患者在食用大蒜之后,不易疲劳,同时还会产生强烈的幸福感,与许多药物治疗产生的副作用形成鲜明的对比。每天进食 3 瓣大蒜可使人体中胆固醇水平下降 10％～15％，大蒜中至少有 6 种有效成分，能抑制肝脏中胆固醇的合成。

13. 降血糖作用

大蒜的降血糖机理是：大蒜素能促进胰岛素分泌，增加组织对葡萄糖的摄取和利用，使正常人葡萄糖的各叶相糖呈下降趋势。

14. 其他作用

脑缺血后细胞内浓度的升高是造成脑损伤的一个主要因素，大蒜素具有钙离子的拮抗性，抑制细胞中钙离子浓度的升高，以达到避免脑损伤的目的，对大脑有保护作用。

大蒜和维生素的组合可产生"蒜胺"，这种物质能帮助人体分解葡萄糖，同时促进葡萄糖转化为大脑能量，使大脑得到充分的营养，变得更为聪慧、灵活，从而起到补脑的作用。

食用大蒜可刺激食欲，对胃酸缺乏者有一定的改善作用。即通过直接刺激胃黏膜及反射性地引起胃液分泌增加来促进胃酸分泌，使肠胃蠕动增加，从而提高食欲，帮助肠胃消化。

由于硫化物的作用，口服大蒜制剂可以改善慢性铅中毒症状。临床证明，大蒜能明显改善消化道症状，使 93％ 的患者尿铅全部降低到正常水平之下，尿卟啉试验 85％ 以上转为阴性，效果良好。

（四）大蒜活性物质的开发与应用

数千年来，中国、埃及、印度等国纷纷将大蒜既作为食物又作为传统药物应用，健康疗法、自然疗法成了国际时尚。大蒜的药用源于中国和古埃及，后由国外科学家提取出植物黄金"大蒜素"，现在欧美及日本流行。与国际市场上最流行的天然植物提取物呈"三足鼎立"趋势——人参、银杏和大蒜。

随着社会的进步、科技的发展，在沿用古代剂型和用法的同时，大蒜制剂又研制出了糖浆剂、配剂、混悬剂、低压蒸馏液、胶囊剂、丸剂、片剂、气雾剂、注射剂等剂型。给药途径采用注射（肌注、穴注、腹腔注），并保留了灌肠、雾化吸入、气管滴入、直流电导人等科学的用法。世界上大蒜的药用过程为：水剂、粉剂、油剂、全营养剂型。发展过程为：早期化学合成的大蒜素针剂、大蒜片剂（大蒜干燥压片）、大蒜精油胶丸（也有精油针剂）、全营养型产品（精油及蒜粉浓缩胶丸）。剂型和用法的革新使用药剂量更准确、安全、有效,并能直达体内深层的病变部位,提高局部药物浓度,增强药物疗效。

由于大蒜的有效成分并不是某种容易提取的单一组分,而是一系列含硫有机化合物、活性酶和含硒化合物等成分的综合,且其化学性质都很不稳定,所以,各种大蒜制剂的有效活性成分含量和作用强度都不同。

大蒜精油是一种通过对高品质大蒜原料,采用蒸馏和萃取的工艺,高度浓缩精炼提纯而成的一种挥发性精油,作为保健食品的原料,国际市场每年需数百吨。大蒜精油胶丸浓缩了大蒜的有效成分,采用科学加工方法精制而成,药食同源,易于人体吸收,富含多种氨基酸、40多种硫醚化合物、维生素E、大蒜素、亚油酸、铁、钙、硒等活性成分,适于高血脂人群及中老年人食用。

在日常生活中,有许多利用大蒜治疗和预防疾病的方法。例如,口含生蒜片或蒜汁稀释后滴鼻可预防流感和流脑,大蒜煨熟后食用可以治疗腹泻,蒜泥汁外敷可治疗冻伤、各种癣和斑秃,大蒜、葱白和生姜熬汤温服可治疗感冒头痛、鼻塞发热,早上空腹吃用醋浸泡的大蒜可防治高血压、高血脂等。

当今国际上流行的、功效最佳的大蒜制剂,属于纯天然植物药,可以提高机体免疫力、预防各类感染、抗肿瘤、防治动脉粥样硬化,又不对人体产生任何毒副作用,而且价格低廉。因此,大蒜制品不愧是人们家居、出差、旅游必备的良药和"健康卫士"。

大蒜的面纱正在被揭开,大蒜这一神奇而古老的药食两用佳品,必将更好地为大众的健康生活服务。

二、洋葱中的植物生理活性物质

洋葱是全球性保健食品,和大蒜一样是世界各国人民非常喜爱的食物,也是中外民间常用的药物。

(一)洋葱的主要保健成分

洋葱富含两类主要化学成分,即类黄酮和烷基半胱氨酸硫氧化物(AC-SO),具有抗癌、抗血小板聚集、抗血栓形成、平喘、抗菌等多种作用。

洋葱蒜氨酸酶是一种糖蛋白,含有约4.6％碳水化合物和6％鳞茎组织可溶蛋白,以单体或多聚体形式存在于洋葱鳞茎液泡中,多聚体可能与甘露糖特殊凝集素有关。蒜氨酸酶最显著的作用为防虫杀虫,因其裂解ACSO而产生防虫杀虫物质。另外,蒜氨酸酶在因硫缺失条件下ACSO中硫的再动员中发挥作用,因为在土壤低硫含量时该酶活性增强。蒜氨酸酶也可作为一个贮存肽,因其数量、液泡位置、聚集倾向及高硫含量等具有典型的贮存蛋白的特征。

类黄酮为一种抗氧化剂,广泛存在于多种食物中。洋葱中类黄酮的含量尤为丰富,主要有两组,即黄酮醇和花色素苷,集中在洋葱皮上,黄酮醇为黄色和棕色,花色素苷则显红色。

(二)洋葱生理活性物质的药理学作用

葱属植物能激发性欲,贴敷治疗耳痛、预防脱发、治疗疣等赘生物以及脚气等。

1. 洋葱的抗癌作用

多酚(例如类黄酮)具有抗氧化活性,在抗癌方面可能起着重要的作用。烷基硫化物和二烯丙基双硫化物具有潜在的防癌作用。在抑制小鼠肿瘤的发生和发展方面,洋葱油优于大蒜油,而且洋葱油、大蒜油抑制白血病细胞的作用几乎相同。葱类食物具有抗食管癌和胃癌的作用。也有报道洋葱具有预防脑癌的作用,洋葱的消费与胃癌的发病有着明显的负相关。

2. 洋葱对心血管的影响

洋葱提取物能够调节主动脉血管反应,其粗提取物能降低大鼠收缩压,并延长出血时间。这一作用可能通过抑制血小板功能和血栓素的产生而实现。葱属植物的抗血小板活性是有机硫化合物的一种特性,具有抗血栓作用。这些化合物与阿交烯结构相似,后者被认为是大蒜提取物中具有抗血小板活性的化合物。研究表明,从食物中多摄取黄酮醇与黄酮可以降低心血管疾病的发病率。

洋葱含有前列腺素 A,而前列腺素 A 是一种较强的血管扩张剂,可以降低人体外周血管和心脏冠状动脉的阻力,对抗体内儿茶酚胺等升压物质,并能促进引起血压升高的钠盐等物质的排泄,所以具有降低血压和预防血栓形成的作用。

3. 洋葱对呼吸系统的作用

从洋葱中提取的活性成分硫代亚磺酸酯和亚硫酰基二硫化物,具有平喘作用,通过抑制由环加氧酶和脂氧合酶所介导的包括启动二十烷类代谢,导致支气管阻塞等反应来实现,饱和的硫代亚磺酸酯比不饱和的该类物质活性低。洋葱富含硫代亚磺酸酯对哮喘具有较强的抑制作用,与当今常用的治疗哮喘药物中的神经药物不同,其效果好,副作用小。

第二节 菌菇中的植物生理活性物质

一、姬松茸的植物生理活性物质

姬松茸又名巴西蘑菇,是一种珍稀的食药兼用真菌。姬松茸不仅食用味道鲜美,而且还具有医疗保健作用,在日本民间用来治疗糖尿病、高血压等疾病。随着科学研究的不断深入,科学家发现姬松茸具有提高机体免疫力,预防、治疗癌症等功效,在日本被誉为"奇迹的蘑菇"。这些功效来源于其含有的多种生理活性物质。

(一)姬松茸具有抗肿瘤的作用

姬松茸子实体中的抗肿瘤物质为多糖类、蛋白质葡聚糖、核酸、外源凝集素、甾醇类等。多糖对免疫系统的调节作用在于多糖不仅能激活巨噬细胞、T淋巴细胞、B淋巴细胞、自然杀伤细胞、细胞毒细胞、淋巴因子激活的杀伤细胞等免疫细胞,还能促进细胞因子生成,活化补体,对体液免疫和非特异性免疫都有增强作用,从而具有抗肿瘤的活性。

(二)姬松茸对免疫性疾病的防治

姬松茸提取物用于防治皮肤肿瘤、黑色素瘤、多中心原发性皮肤溃疡和病毒性皮肤病,如巨大先天性黑素细胞痣、基底细胞或鳞状细胞癌、蕈样霉菌病或卡波西肉瘤、病毒疣及传染性软疣;用于防治血管内疾病、免疫失调和神经肌肉障碍等自身免疫性疾病;还可防治溶血性贫血、甲状腺肿大、桥本病、恶性贫血、糖尿病、慢性肝炎、肾小球肾炎、系统性红斑狼疮、肖格伦综合征、重症肌无力、格雷夫斯病、类风湿性关节炎、多发性硬化症及溃疡性结肠炎。

二、竹黄的植物生理活性物质

竹黄是中国及日本盛产的一种寄生性真菌,通常寄生在竹的幼茎、细嫩秆、枝上,具有清热化痰、镇心定惊、舒筋活络、祛痛散瘀等效果。民间多用竹黄浸酒,用于治疗风湿性关节炎、坐骨神经痛、腰肌劳损、跌打损伤及虚寒胃痛、小儿惊风、急性肝炎等。

(一)竹黄的民间应用

竹黄的药用价值由来已久,早在明代李时珍的巨著《本草纲目》中就有记载。中国北方地区都以竹黄浸白酒服用,用于治疗风湿性关节炎、百日咳、气管炎、牙痛、坐骨神经痛、跌打损伤、腰肌劳损及筋骨酸痛等症。

在应用范围上南方较北方更广泛,还用于虚寒胃痛,并反映水煎服对急性肝炎恢复期及慢性肝炎有一定治疗效果。云南民间反映竹黄炖肉有滋补强身作用。

(二)竹黄的现代医学研究

竹黄的药用价值主要体现在抗炎、镇痛、抗菌、抗肿瘤以及毒副作用等方面。另外,其治疗皮肤病的效果也不错。在 1980 年就将竹红菌素用于外阴白色病变和软化疤痕疙瘩(肥厚性短痕)的治疗,进而推广到光疗皮肤淀粉样变苔癣、牛皮癣、头癣等皮肤病。

竹黄还能治疗风湿性关节炎,在临床上竹黄制品曾作用于治疗风湿性关节炎及类风湿性关节炎。以发热、肿胀和疼痛症状的疗效较好,对活动受限及受累的关节炎疗效较差。

竹黄有一定的保肝作用,竹黄多糖对小白鼠的四氯化碳急性肝损伤具保护作用,免疫组织重量测定显示能使脾脏增加重量。

除以上作用以外,竹黄还有保护心血管作用。竹黄能使离体蛙心收缩力减弱,心率变慢。对离体兔耳有直接扩张作用,能降低麻醉兔血压,并可显著地延长血浆复钙时间。

三、北虫草的植物生理活性物质

北虫草又名蛹虫草,属子囊菌亚门、核菌纲、球壳目、麦角菌科、虫草属。目前世界已发现虫草属真菌 350 多种,其中中国记录有 61 种。北虫草是虫草属真菌的模式种,其宿主主要为鳞翅目的蚕蛾科、舟蛾科、天蚕蛾科等,它是由子座与菌核(即虫或蛹的尸体部分)两部分组成的复合体。冬季幼虫其蛰居土里,菌类寄生其中汲取营养,最后其体内充满菌丝而死。到了夏季,自幼虫尸体之上生出"幼苗"(子实体),形似草,夏至前后采集而得。其主要分布在吉林、辽宁、陕西、广东等地,北虫草和冬虫夏草是中国药用价值极高的两种虫草菌。

药理学研究表明,北虫草对免疫系统、神经系统及心血管系统等疾病具有治疗效果,并有抗肿瘤和抗衰老等作用。

(一)北虫草的药理作用

1.北虫草的抗肿瘤作用

北虫草对喉癌细胞的增殖性生长具有直接抑制作用,同时还能明显抑制肉瘤和肺癌的生长,延长荷瘤小鼠的存活时间,并可减少肺癌肺部转移的灶数,对肺转移有明显的抑制作用,且延长荷瘤小鼠的寿命,降低其荷瘤率。

2.北虫草的降血脂及降血压作用

北虫草可降低小鼠血浆中的甘油三酯和胆固醇浓度,调节血浆渗透压,降低颅内压,减轻脑水肿,并具有扩血管作用。

3.北虫草的调节免疫系统作用

北虫草对小鼠的细胞免疫和体液免疫具有调节作用,并能增强腹腔巨噬细胞的吞噬功能。另外,还可以显著提高 NK 细胞的杀伤力及血清溶血素的含量,促进抗体的形成。

4.北虫草的镇静及激素样作用

北虫草对小鼠具有镇静作用,能减少小鼠自主活动次数,协调戊巴比妥钠催眠作用,抗惊厥。另外,其还可以提高大鼠血浆皮质醇和睾丸酮含量,使去势大鼠的精囊和前列腺重量明显增加,从而提示其具有雄性激素样作用。

5.北虫草对心脏的作用

腹腔注射北虫草可延长异丙肾上腺素诱发心肌耗氧量增加的小鼠的存活时间,对异丙肾上腺素诱发小鼠心肌耗氧量增加有明显的保护作用,还可抑制异丙肾上腺素刺激后心肌细胞培养液中乳酸脱氢酶的增加。对氯化钡诱发心律失常的大鼠静脉注射北虫草水浸液,可在给药后 5min 内转为窦性心律且能维持 10min 以上。将腹腔注射北虫草水溶液小鼠吸入氯仿,迅速开胸观察,并用 ECG 和示波器检测,发现其室颤发生率明显低于对照组。

6.北虫草的耐缺氧和抗疲劳作用

将小鼠腹腔注射北虫草水浸液可使密闭广口瓶内小鼠的存活时间延长,提高小鼠的常压耐缺氧能力。另外,用北虫草提取液灌胃可显著延长小鼠的游泳时间,具有抗疲劳作用。

7.北虫草的抗菌与抗疟作用

试管稀释法实验证明虫草菌素对枯草杆菌有抑制作用,对鸟型结核杆菌也有抑制作用。另外,有报道称小剂量北虫草即可表现出较强的抗疟活性,与氯奎活性相当。

(二)北虫草的开发与利用

冬虫夏草是中国名贵的中药材之一,因为其独特的滋补和保健治疗作用,多年来一直是医药科技工作者的研究热点,但由于其资源缺乏,价格昂贵,因此制约了冬虫夏草产业的进一步发展。而采用人工培养的北虫草经过科学的分析和实验证明,其药用成分及药理作用与冬虫夏草相似,且价格却远远低于冬虫夏草,因此,北虫草的开发应用具有极大的潜在市场。目前,其主要应用于食品、保健品和药品三个方面。

1.北虫草作为食品

北虫草作为新型绿色保健食品,可用于炒菜、炖鸡、炖鸭、煲汤、烫火锅、沏茶等,尤其是用虫草煲汤在我国的广东省、香港地区和台湾地区很受欢迎。目前,广东省农业科学院蚕业与昆虫研究所已研制出虫草系列汤包,成都金草公司将北虫草加工成虫草雪莲、虫草芦荟和虫草竹荪汤等适合大众消费的滋补菜系。

2.北虫草作为保健品

虫草菌素的特殊医疗保健功能已经引起国内外专家的高度重视,已有不少以虫草素为主的保健品、保健食品、化妆品投放市场。据调查,目前已上市的北虫草保健品有:虫草口服液、虫草补肾酒、虫草健康啤酒,以及沈阳农业大学研制的虫草胶囊等。

北虫草的保健功能成分不仅有虫草素,还有虫草多糖体,它是国际医学公认的人体免疫增强剂。中医认为北虫草起扶正固本作用,对老年性慢性支气管炎、肺源性心脏病有显著疗效,能提高肝脏解毒能力,起护肝作用,提高身体抗病毒和抗辐射能力。虫草酸是治疗心脑血管疾病的基本药物,具有清除自由基、扩张血管、降低血压的作用。核苷酸具有抑制血小板聚集、防止心脑血栓形成、消除黄褐斑、老年斑、青春痘、抗衰防皱、养颜美容等功效。

3.北虫草作为药品

美国已将虫草素作为抗癌抗病毒新药进入临床试用；中国也已将由虫草素合成的治疗白血病的新药进入一期临床试用。吉林东北虎药业有限公司已将北虫草作为主要成分向国家卫生部申报了一类新药并获得批准，商品名为欣科奇胶囊，作用为补肾益肺、抗衰老、调节睡眠等。这样，就为北虫草替代冬虫夏草作为医药原料奠定了基础，而且这方面也将是北虫草今后开发应用的一个主要方向。

第三节　茶资源中的植物生理活性物质

茶是备受人们喜爱的饮料之一，与人们的生活息息相关。纵观中国历代记载，饮茶功效为益思少睡、清热降火、解毒止渴、消胀气、助消化、消除疲劳、增强耐力、去痰治痢、利尿明目等。

一、茶的成分

茶叶中约含30多种茶多酸(TP)占鲜茶质量的25%～35%。其中包括黄烷醇、黄烷双醇、黄酮类和茶多酚酸类。茶多酚中大部分为黄烷醇，通常称之为儿茶素。主要的一些绿茶儿茶素有：表没食子儿茶素没食子酸酯(EGCG)、表没食子儿茶素(EGC)、表儿茶素没食子酸酯(ECG)、表儿茶素(EC)以及其他经氧化所形成的茶色素类物质等。上述四种儿茶素类占TP总量的60%～80%。其中以表没食子儿茶素没食子酸酯含量最高，占儿茶素的50%左右。

近年来，关于EGCG的研究报道越来越多，成为科学研究的热点之一。大量的研究表明EGCG具有很多令人兴奋的药理效应，如抗病毒、抗突变、抗炎症和抗肿瘤。

二、茶生理活性物质的药理药效学作用

（一）茶的抗菌消炎、抗病毒作用

EGCG能降低紫外线辐射造成的皮肤炎症和白细胞的渗出。肿瘤坏

死因子在炎症中起了重要作用。NF-KB 为一种对氧敏感的核转录因子,控制着多种基因表达,EGCG 通过阻碍 NF-KB 的活化,下调肿瘤坏死因子基因的表达起到抗炎症的作用。

变形性链球菌是主要的致龋菌,研究发现 EGCG 可以降低龋菌的蚀斑,对肝细胞有保护作用。EGCG 能抑制变形性链球菌的生长、产酸和对玻棒的黏附,而且随着浓度的上升,对变形性链球菌的生长抑制也越明显。EGCG 的水提取液对于伤寒、痢疾、副痢疾、金黄色葡萄球菌、伤寒沙门杆菌、霍乱杆菌和肠膜状明串球菌等均有抑制作用。

(二)茶的抗辐射作用

EGCG 对 X 射线诱导的小鼠肝细胞的脂类过氧化作用有明显的抑制作用,也可使沙土鼠脑缺血再灌注氧化损伤的脂类过氧化作用水平下降,说明 EGCG 对细胞的辐射保护作用的机制之一是 EGCG 有效地清除了活性氧自由基,降低了辐照产生的活性氧自由基所导致的脂类过氧化作用水平,从而提高细胞的存活率。

双链断裂(DSB)是辐射所致细胞死亡的最重要的 DNA 损伤形式,与细胞存活、染色体畸变、突变、基因组不稳定性及细胞凋亡均密切相关,脉冲场凝胶电泳的结果表明,在 EGCG 的作用下,受射线照射后,细胞 DNA 双链断裂的量明显减少。

(三)茶的延缓衰老作用

自由基在细胞内发生多位点损伤,这些损伤的累积是机体老化的重要原因。EGCG 是一类氧化还原电位很低的还原剂,具有活泼的羟基氢,能提供氢质子与体内过量的自由基结合,在消除活性氧自由基上表现出特异的功能。

随着神经细胞培养环境中氧自由基浓度的增加,有害蛋白质呈线性增加,细胞的能量供给明显下降,神经细胞的死亡率比正常组高 5～6 倍;而 EGCG 可明显阻止自由基损害,提高细胞活力,改善能量代谢,从而达到延缓神经细胞衰老的目的。

EGCG 对雄家蝇的半寿期显著延长,平均寿命比对照组延长 1%～49.9%,并使家蝇的脑 SOD 活性增高,脂褐质含量降低,效果优于绞股蓝总苷。EGCG 对老年鼠体内的 SOD 活性有积极影响,并具有抗脂质过氧化和延缓脂褐质形成的作用。食谱中添加 TP,可延迟自发性高血压大鼠

(SHR)脑卒中的出现,延长寿命 10％以上。

(四)茶的降压、降糖、降血脂和抗动脉粥样硬化作用

EGCG 对自然高血压大鼠有降低血压的作用,实验组血压比对照组低 14％～17％。动物实验发现 EGCG 能降血糖,增加肝糖原的合成,减少其分解。

动物实验表明含有 EGCG 的绿茶提取物可降低血清总胆固醇和低密度脂蛋白的含量。EGCG 通过与胆固醇结合,减少胆固醇的吸收,降低 HMG-CoA 还原酶活性,使胆固醇转变成胆汁酸。EGCG 一方面能控制胆固醇的氧化,使酸败物形成量减少,抑制脂质物在血管壁沉积;另一方面阻止食物中不饱和脂肪酸的氧化,不饱和脂肪酸能促进胆固醇转化成胆汗酸,从而减少血清胆固醇含量及保持脂质在动脉壁的进入和移出的正常动态平衡。

(五)茶的清除氧自由基和抗气化作用

茶多酚属于类黄酮类化合物,它的结构特点使其具有很强的抗氧化功能和自由基捕获能力。在酶氧化作用或非酶氧化作用,包括自身氧化作用和配对氧化作用中,黄烷醇类可通过氧化多聚体形成反应中的 C—O 或 C—C 骨架形成发生氧化聚合。茶多酚对金属离子、生物碱和生物大分子(如脂类、碳氢化合物、蛋白质和核酸)有高度的亲和性。

EGCG 分子中含有双羟基以及羟基基团,羟基与没食子酸通过酯化反应保护起来,并且没食子酸也含有单个活性的连三羟基结构,使 EGCG 的抗氧化性能优于其他的茶多酚。

人体重大疾病(心血管疾病、癌症)和衰老都和体内自由基过量形成密切相关。自由基的形成大多是内源性的,电子传递是一个基本反应。吸烟、空气污染、紫外线辐射,以及人体免疫功能低下均会诱导自由基的形成。对于超氧阴离子自由基,EGCG 是一种高效的清除剂,清除效果比 EGC 和 ECG 高一倍。对于其他类型自由基,EGCG 和 ECG 都具有很强的清除作用。这种抗氧化活性和自由基清除活性被认为是预防心血管疾病、癌症和人体衰老的重要机理之一。

(六)茶的增强机体免疫功能作用

机体免疫功能与肿瘤的发生发展关系密切,当宿主免疫功能低下或受抑制时,肿瘤发病率高,而在增长率生长时,肿瘤患者的免疫功能可能受抑

制。抑制肿瘤坏死因子释放是抑制肿瘤形成和转移的一个重要机制。冈田酸类化合物可诱导小鼠 BA1B/3T3 细胞肿瘤坏死因子释放,EGCG 可抑制冈田酸的肿瘤促进作用和在各器官中的致癌作用。EGCG 能刺激人外周血单核细胞产生 I1-1 和 TNF,EGCG 诱导的胞内明显高于胞外。EGCG 还可刺激黏附细胞产生 I1-1。RT-PCR 法检验与 EGCG 共同温育的细胞,其 I1-1mRNA 合成仅有少量增加,而 I1-1/3mRNA 的合成则明显增加,因此 EGCG 可能通过影响免疫系统而对抗机体肿瘤的发生。

癌症病人都存在微循环障碍,主要表现为血液的高黏血症。EGCG 可改善红细胞变形,调整红细胞聚集性与血小板黏附聚集性,降低血浆与全血黏度,可抗凝,促进纤维蛋白原溶解,从而改善微循环,保证血液和氧的正常供应,提高机体的免疫能力和组织代谢水平,减少血栓的形成与向远处转移,从而达到抑制癌细胞的作用。

(七)抗肿瘤、抗突变作用

儿茶素对多种致癌物诱发的多种肿瘤、体外肿瘤及转移性肿瘤均有抑制作用。0.15%的绿茶儿茶素可抑制诱癌物(DEN)和促癌物(PB)的致肝癌作用,促癌前病变的酶变病灶数目、总面积显著低于单纯致癌物组,对实验性肝癌形成的启动和促进阶段均有明显抑制作用。绿茶儿茶素在一定剂量和作用时间下能抑制体外培养的肿瘤细胞的生长,且不同细胞对儿茶素的敏感性不同。另外,绿茶儿茶素 EGCG 可抑制前列腺癌细胞株及人乳癌细胞株在裸鼠体内的生长,并使已生长的移植瘤快速回缩。绿茶儿茶素还有明显抑制黄曲霉素(AFB1)等对鼠伤寒沙门菌回复突变作用,抑制率可达 70%。在研究其对人肺癌细胞株 PC-9 时发现儿茶素能增强抗肿瘤药的作用,而且混合的儿茶素作用大于各单体。

(八)其他

儿茶素因抑制黄嘌呤氧化酶减少尿酸形成,可用于治疗痛风;绿茶儿茶素的清除自由基作用可降低癫痫大鼠的感觉运动皮层中氧化产物的增加,同时可增加过氧化培养中 SOD 的活性,可预防癫痫;儿茶素能改善小鼠脑缺血;儿茶素能抑制大鼠腹膜渗出细胞释放的白三烯和组胺,EGCG>ECG>EGC,这些结果提示儿茶素可能参与抗过敏反应;辐射射线引起体内生物分子和水分子均裂,产生大量自由基导致过氧化损害。通过对闭环和开环 DNA 比率分析,揭示儿茶素(1-EGCG)有对抗射线诱导的 DNA 断裂作用并呈剂量依赖关系,这种保护作用是通过清除自由基达到的,表明儿茶素能中止自由基氧化链,提高机体酶活力,对抗辐射作用。

第四节　海洋资源中的植物生理活性物质

"海洋一直是人类开发利用的重要资源,其中生活着 20 多万种生物,占地球生物物种的 80％。"[①]在海洋生物中存在着大量种类繁多、结构新颖、特性各异的生物活性物质,包括脂类、苷类、多肽、多糖、萜类、甾类、氨基酸、生物碱、蛋白质等。海洋生物活性物质的研究开发重点是抗病毒、抗肿瘤、抗心脑血管病、延缓衰老和免疫调节等生理活性物质。下面以螺旋藻为例,简述海洋资源的植物生理活性物质。

一、螺旋藻的特性

螺旋藻是一类单细胞生物,居于蓝藻颤藻科,螺旋藻只是其中的一个"属",约 38 种。目前,国内外应用的只有两种,即钝顶螺旋藻和极大螺旋藻,它是地球最早出现的光合原核生物,超微结构和生化特性很像细菌和高等植物的叶绿体。其藻细胞中含有不成堆的光合层片(类囊体),光合作用的电子传递反应和呼吸作用均发生于类囊体内,它所含的光合色素有叶绿素 A、水溶性的藻蓝蛋白色素、藻蓝蛋白、藻红蛋白及异蓝藻素。因此,螺旋藻与其他植物一样能够利用阳光、二氧化碳等合成有机物,同时释放出氧气。大多数螺旋藻喜欢高温、高碱,在这样的环境下,许多其他生物都难以生存,螺旋藻却能迅速生长繁殖,而且它也可在盐湖、碱地及沿海盐地的海水中生长。

二、螺旋藻的植物生理活性物质

功能食品中真正起到生理作用的成分是生理活性成分,即功能因子。螺旋藻作为一种碱性的营养物质,富含人体必需的营养成分。

---

① 周颖,周培根,刘文杰,等.海洋中抗氧化活性物质的研究进展[J].南方水产,2004(8):2—4.

（一）藻蓝蛋白

藻蓝蛋白是螺旋藻特有的蛋白质，它是一种活性蛋白质，是一般植物所不具有的。它不仅是很好的纯天然的蓝色素，广泛应用于食品、化妆品，而且还具有提高机体免疫力和抗艾滋病的功效。藻蓝蛋白作为肿瘤诊断时的荧光剂，通过美国 FDA 的认证。

（二）维生素

螺旋藻中维生素十分齐全，其中有被称为"抗癌之神"的胡萝卜素。它是维生素 A 的前体。吸入人体后贮存于肝脏和小肠壁细胞中，在酶的作用下转化为维生素 A。食用胡萝卜素后的患病率比直接摄取源于动物性食物的维生素 A 来得低，并可保护视力，对青光眼、白内障具有一定疗效。胡萝卜素、维生素 E、维生素 A、酶素及微量元素硒均是抗氧剂，能有效清除体内"自由基"防止人体组织细胞的破坏，延缓机体衰老。

（三）脂肪酸

螺旋藻中的脂肪酸主要是不饱和脂肪酸亚油酸和 7-亚麻酸，不会形成胆固醇，并能降低血浆胆固醇的水平，其中亚麻酸的效果更强。亚油酸是人体必需的脂肪酸，通过 EFA 途径可生成 7-亚麻酸，并最终形成前列腺素，从而参与调节人体的各种基本生理过程。7-亚麻酸能抑制癌细胞的增殖，有助于治疗关节炎、心脏病、肥胖症、锌缺乏症、皮毛炎、胶原病等。

（四）小分子多糖

螺旋藻含有 3% 的小分子多糖，也是螺旋藻中的活性成分之一。螺旋藻糖具有抗辐射能力，能抑制癌细胞增殖，提高机体内切酶的活性，促进 DNA 修复合成作用，显著提高细胞超氧化物歧化酶的活力，促进人体外周血中 NK 细胞的活性。此外，它对电离辐射的损伤具有明显的防护效果。总之，螺旋藻具有多种生理功能。

目前，已有多个国家和地区生产螺旋藻。中国螺旋藻的研究已被列入重大攻关课题。开发螺旋藻资源不仅有利于开发新型营养源，还有助于促进传统农业向现代农业的转化。螺旋藻的大规模生产蕴藏着巨大的经济潜力。世界海藻资料源丰富，在近海水域生长的海藻年产量为目前世界小麦总年产量的 15 倍。事实上，海洋"可耕"面积大约为陆地的 15 倍，科学家预计，在 21 世纪，海藻将为人类提供 10% 的蛋白质，可能成为人类"第二粮仓"。

结束语

近年来,随着高新技术的不断发展,人们对植物生物活性物质的研究更加深入。至今最受关注并且研究最为透彻的植物生物活性物质,要数膳食植物来源的诸多活性物质,如多糖、皂苷、类黄酮等。随着人们持续对膳食健康的关注,植物生物活性物质的开发与探索任重道远。

参考文献

[1]卞勇,杜广平,刘艳华.植物与植物生理[M].北京:中国农业大学出版社,2011.

[2]蔡琪敏,陈洁,张志祥,等.铜胁迫对两种苔藓植物生理生化的影响[J].浙江林业科技,2008,28(6):24-27.

[3]曾翔云.膳食纤维与人体健康[J].扬州大学烹饪学报,2004,21(3):24-27.

[4]曾旭梅,席婉,朱琳琳,等.类胡萝卜素代谢途径基因变异导致园艺植物色泽差异的研究进展[J].华中农业大学学报,2022,41(3):181-190.

[5]陈柯睿.植物呼吸作用强度的探究[J].中国高新区,2018(5):219+260.

[6]陈坤明,宫海军,王锁民.植物抗坏血酸的生物合成、转运及其生物学功能[J].西北植物学报,2004,24(2):329-336.

[7]陈小玲,陈清西.植物弱光逆境生理的研究进展[J].北方园艺,2014(6):183-187.

[8]褚盼盼.植物生理活性物质及其开发应用[M].北京:中国原子能出版社,2020.

[9]刁卫楠,朱红菊,刘文革.蔬菜作物中类胡萝卜素研究进展[J].中国瓜菜,2021,34(1):1-8.

[10]丁之恩.大豆异黄酮及生理活性物质和分类加工[J].中国粮油学报,2003,18(2):53-57.

[11]杜坤,郭宾会,傅媛媛,等.被子植物营养器官建成虚拟仿真实验的构建与应用[J].生物学杂志,2021,38(4):120-123.

[12]樊建,沈莹,邓代千,等.植物生长调节剂在中药材生产中的应用进展[J].中国实验方剂学杂志,2022,28(3):234-240.

[13]樊金玲,罗磊,武涛,等.沙棘籽原花色素与葡萄籽原花青素抗氧化活性的比较[J].食品与机械,2007,23(2):26-30.

[14]付佳玲,徐强.植物类胡萝卜素和花青苷代谢响应光信号的转录调

控机制[J].华中农业大学学报,2021,40(1):1—11.

[15]高维,贺虹,李小鹏,等.天然多糖对全麦面粉粉质特性及面条品质的影响[J].粮食与油脂,2022,35(3):67—71.

[16]耿敬章,徐福星.生物碱生理功能及其提取分离研究进展[J].粮食与油脂,2007(4):44—46.

[17]郭襄凤.我国林业植物遗传资源保护的若干思考[J].中国科技投资,2019(5):232.

[18]郭振升.植物与植物生理[M].重庆:重庆大学出版社,2014.

[19]韩冰.大蒜的药用[J].现代养生,2020,20(11):32—33.

[20]韩富根,董祥洲,王初亮,等.植物生长物质对烤烟上部叶生长生理、质体色素及其降解产物的影响[J].江西农业大学学报,2010,32(6):1109—1114.

[21]何培青,柳春燕,郝林华,等.植物挥发性物质与植物抗病防御反应[J].植物生理学通讯,2005,41(1):105—110.

[22]胡睿智,贺宇佳,李柏珍,等.原儿茶酸的生理功能及其在畜禽生产中的应用[J].动物营养学报,2019,31(11):4979—4986.

[23]胡志远,刘翀,郑学玲.不同多糖对发酵空心挂面品质的影响[J].现代食品科技,2022,38(5):226—234.

[24]黄小龙,周双清,陈吉良.植物内生放线菌及其生理活性物质研究进展[J].生物学杂志,2011,28(3):77—79.

[25]贾东坡,冯林剑.植物与植物生理[M].重庆:重庆大学出版社,2015.

[26]贾鹏禹.植物激素与品质高效检测方法的建立及其在大豆中的应用[D].大庆:黑龙江八一农垦大学,2021:12—16.

[27]姜润华.被子植物非国产属中文普通名来源初探[J].生物学教学,2022,47(6):79—80.

[28]李向辉,吴艳玲,崔振宇.灵芝多糖对脂多糖诱导小鼠肝损伤的保护效应[J].中国老年学杂志,2022,42(10):2443—2446.

[29]李忠光.植物生理学实验中朗伯－比尔定律及其推导公式的探讨[J].植物生理学通讯,2010,46(1):73—74.

[30]林植芳,陈少微,彭长连,等.植物生理生化实验中常用生化试剂的消光系数[J].植物生理学通讯,2001,37(1):59—62.

[31]刘东波,贺秉军.生物传感器在植物光合作用实验教学中的应用

[J].内蒙古师范大学学报(教育科学版),2017,30(5):159-161.

[32]刘建文,贾伟.生物资源中活性物质的开发与利用[M].北京:化学工业出版社,2005.

[33]刘洋,陈会英,范雪枫,等.灵芝多糖辅助DNA疫苗对小鼠肿瘤免疫治疗的影响[J].中国食品学报,2022,22(5):84-91.

[34]娄成后.植物生理学进展与农业现代化[J].中国农业科技导报,2004,6(1):3-8.

[35]卢宏科,王琴,区子弁,等.膳食纤维的功能与应用[J].广东农业科学,2007(4):67-70.

[36]鲁云龙,魏丽勤,戴绍军,等.被子植物生殖细胞与精细胞的分离方法[J].植物学报,2014,49(3):229-245.

[37]罗欣,姚开,贾冬英,等.原花色素在生物体内的吸收和代谢与生物可利用性[J].林产化学与工业,2006,26(1):109-115.

[38]毛永成,刘璐,王小德.干旱胁迫对3种槭树科植物生理特性的影响[J].浙江农林大学学报,2016,33(1):60-64.

[39]苗迎春,雷洁,牛蕾蕾,等.提高植物营养器官含油量的研究进展[J].江苏农业科学,2017,45(1):1-5.

[40]彭建,陈刘浦,贝亦江,等.植物甾醇的生理功能及在动物生产中的应用[J].饲料研究,2021,44(5):152-154.

[41]阮栋,王一冰,蒋守群,等.姜黄素的生物活性及其调节动物肠道黏膜屏障功能的分子机制[J].动物营养学报,2021,33(4):1801-1810.

[42]圣倩倩,何文妍,刘宇阳,等.植物生理信息监测技术的研究进展[J].西部林业科学,2020,49(6):8-15.

[43]孙梦嘉,邓乾春,全双,等.类胡萝卜素生物利用率及其乳液递送体系研究进展[J].中国油料作物学报,2022,44(1):215-230.

[44]孙玉珍,赵运林,杨小琴.锰胁迫对3种花卉植物生理抗性的影响[J].安徽农业科学,2008,36(7):2644-2645,2648.

[45]孙元芹,李翘楚,李红艳,等.浒苔生理活性与开发利用研究进展[J].水产科学,2013,32(4):244-248.

[46]万翠,姚锋娜,刘继鹏,等.植物生理活性物质在功能型肥料中的应用[J].磷肥与复肥,2021,36(4):24-27,30.

[47]王吉,王湘林,肖海思,等.单宁的生物活性及其在畜禽生产中的应用[J].中国农业大学学报,2022,27(4):164-178.

[48]王晶,赵文东,甄纪东.植物生理学作用与发展[J].农机化研究,2004(3):265.

[49]王恬.植物甾醇的性质、功能及其在动物生产上的应用[J].饲料工业,2018,39(20):1—10.

[50]王志新,韩烁培,王雨,等.植物乳杆菌的筛选、鉴定及其抑菌物质研究[J].食品工业科技,2019,40(9):133—139,146.

[51]邢馨竹,杨占武,孔佑宾,等.大豆类胡萝卜素裂解双加氧酶GmC-CD8固氮功能解析[J].中国农业科技导报,2022,24(1):46—53.

[52]徐燕,谭熙蕾,周才琼.膳食纤维的组成、改性及其功能特性研究[J].食品研究与开发,2021,42(23):211.

[53]闫程程,刘海梅,赵芹,等.裙带菜孢子叶的生物活性物质及其在食品中的应用[J].食品与发酵工业,2021,47(7):307—315.

[54]杨海艳,李雪玲,王波,等.干旱胁迫对蕨类植物生理指标的影响[J].安徽农业科学,2011,39(11):6316—6317.

[55]杨锐铣,黄小波,吴昊,等.植物生理生态学研究进展[J].安徽农业科学,2012,40(29):14165—14166,14194.

[56]易翠平,刘爽,林本平,等.谷物中多酚与多糖之间相互作用的研究进展[J].中国粮油学报,2022,37(4):187—193.

[57]由璐,隋茜茜,赵艳雪,等.花色苷分子结构修饰及其生理活性研究进展[J].食品科学,2019,40(11):351—359.

[58]于晶,温荣欣,闫庆鑫,等.葱属植物活性物质及其生理功能研究进展[J].食品科学,2020,41(7):255—265.

[59]余天虹,陈训,刘国道,等.新型资源植物迷迭香营养器官的解剖学研究[J].中国农学通报,2007,23(6):547—551.

[60]张汇,聂少平,艾连中,等.灵芝多糖的结构及其表征方法研究进展[J].中国食品学报,2020,20(1):290.

[61]张军莉,苗锦山,张笑笑等.园艺植物花芽分化的研究进展[J].园艺与种苗,2020,40(1):36—39.

[62]张丽芳,张爱珍.膳食纤维的研究进展[J].中国全科医学,2007,10(21):1825—1827.

[63]张乃群.对种子植物营养器官初生结构的重新认识[J].生物学教学,2006,31(1):72—73.

[64]张秋红.植物营养器官变态漫谈[J].生物学教学,2005,30(1):

55—56.

[65]张鑫毅,孙建琴.039膳食纤维与健康[J].国外医学(卫生学分册),2007,34(3):169—173.

[66]张延坤,张东祥.生物活性肽的抗肿瘤作用及其机理研究进展[J].中国生化药物杂志,2006,27(6):379—382.

[67]赵英源,贾慧慧,李紫薇,等.类胡萝卜素聚集体的研究进展[J].河南工业大学学报(自然科学版),2021,42(6):134—140.

[68]周海燕.荒漠沙生植物生理生态学研究与展望[J].植物学通报,2001,18(6):643—648,690.

[69]周颖,周培根,刘文杰,等.海洋中抗氧化活性物质的研究进展[J].南方水产,2004(8):2—4.

[70]邹崇雁,韩昊展,谢永娟,等.玉米种子发芽生理和抗氧化系统对砷胁迫响应的基因型差异及其机制研究[J].核农学报,2021,35(4):969—979.

[71]邹秀华,周爱芹.植物与植物生理[M].重庆:重庆大学出版社,2014.